Berichtigung

In der Verbreitungskarte der Art *Phylloscopus maculipennis* (Blyth) sind zwei Fundortziffern beschädigt. Diese müssen richtig 28 und 29 heißen.

Im Kapitel Oekologie der Art *Alectoris barbara* (Bonaterre), 3. Zeile von oben, muß es statt Riff Rif heißen.

3034/14 Stresemann/Portenko, Atlas der Verbreitung palaearktischer Vögel, 14. Lieferung

AKADEMIE DER WISSENSCHAFTEN DER DDR

ATLAS
DER VERBREITUNG
PALAEARKTISCHER VÖGEL

Begründet von
E. STRESEMANN, Berlin, und L. A. PORTENKO, Leningrad

14. LIEFERUNG

Herausgegeben von
H. DATHE, Berlin, und I. A. NEUFELDT, Leningrad

Bearbeitet von

K. LIEDEL, W. M. LOSKOT, I. A. NEUFELDT,
E. v. VIETINGHOFF-SCHEEL, K. WUNDERLICH

Mit 10 zweifarbigen Verbreitungskarten

AKADEMIE-VERLAG BERLIN

1987

Aus der Forschungsstelle für Wirbeltierforschung (im Tierpark Berlin)
der Akademie der Wissenschaften der DDR

ISBN 3-05-500151-6

Erschienen im Akademie-Verlag Berlin, DDR-1086 Berlin, Leipziger Straße 3—4

Lizenznummer: 202 · 100/517/87
Printed in the German Democratic Republic
Gesamtherstellung: VEB Druckerei „Thomas Müntzer“, 5820 Bad Langensalza
LSV 1375
Bestellnummer: 763 518 5 (3034/14)
03000

VORWORT ZUR 14. LIEFERUNG

Auch für diese Lieferung ist uns wertvolle Unterstützung seitens avifaunistisch und ökologisch versierter Kollegen zuteil geworden. Besonderer Dank gebührt S. Eck (Dresden), W. W. Leonowitsch (Moskau), Prof. Dr. J. Martens (Mainz), W. A. Netschajew (Wladiwostok) und E. P. Sokolow (Leningrad).

Die Verbreitungskarten fertigte dankenswerterweise Herr J. Dornics (Berlin) an.

Erika v. Vietinghoff-Scheel — Klaus Wunderlich

INHALT DER 14. LIEFERUNG

XIV

1987

Turdus kessleri Przewalski

bearbeitet von

K. WUNDERLICH

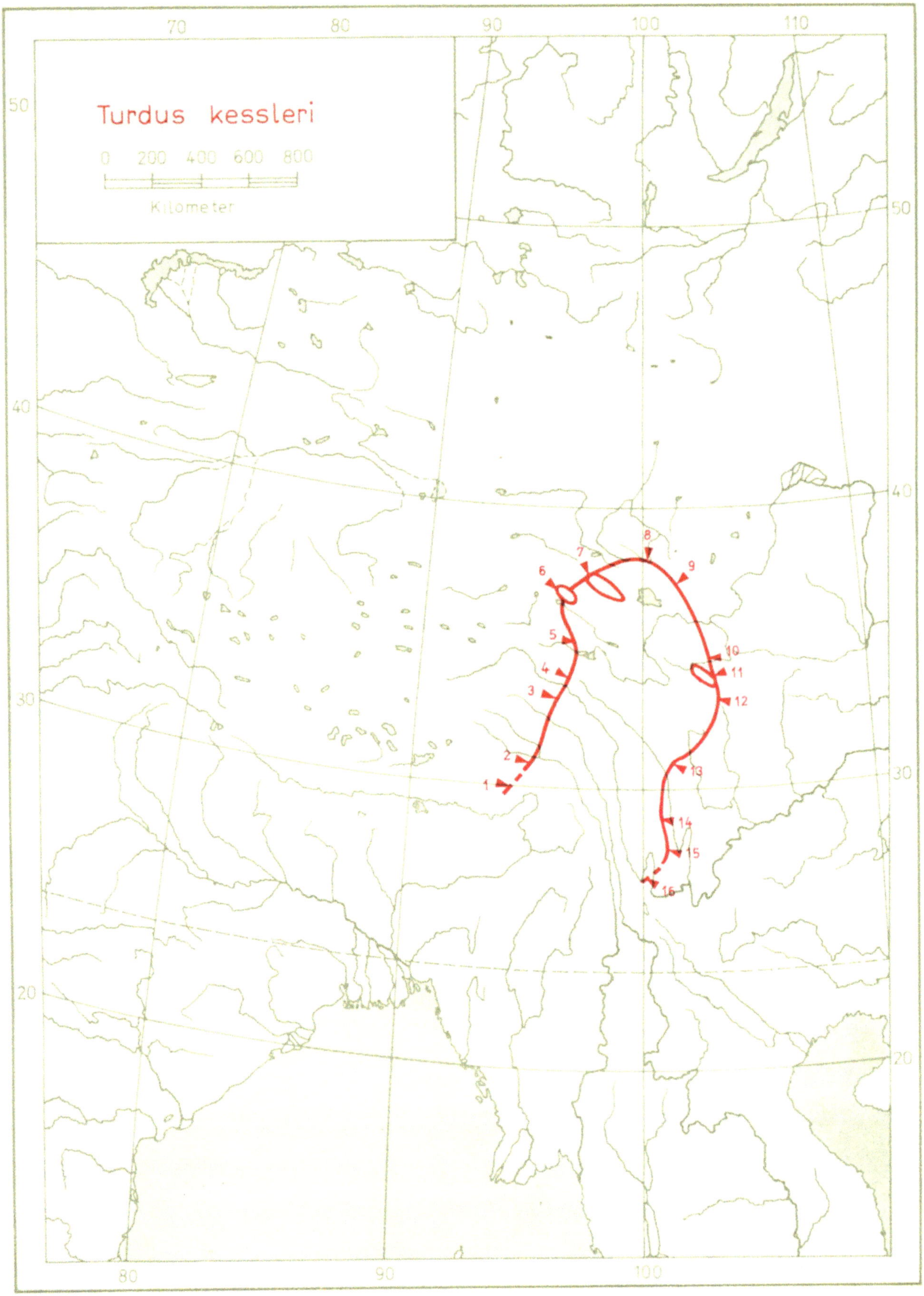

Turdus kessleri
0 200 400 600 800
Kilometer
70
80
90
100
110
50
40
30
20

Am 1. August fand ich im tiefen Jangtsetal bei Yekundo die ersten soeben ausgeflogenen gefleckten Jungvögel, die von den Alten noch gefüttert wurden, aber an den Brustseiten schon zum Altersgefieder durchzumausern begannen. Mitte August waren die meisten Jungtiere voll beflogen und strichen mit den Altvögeln schon zu größeren Scharen von 10—20 Exemplaren, weit im Lande umher" (l. c.).

Als sommerliche Nahrung werden Insekten und Würmer genannt.

Wanderungen

Stand- und Strichvogel. Herbstliche und winterliche Streifereien an der NW- (Nan-Shan, vgl. PLESKE 1890) und SW-Peripherie (siehe unter „Zur Verbreitung") als wirkliches Zuggeschehen zu charakterisieren, scheint unangebracht, solange — zumindest für den Südwesten — unklar ist, wo die Arealgrenze gegen das tibetische Plateau und die östlichsten Durchbruchs- bzw. Täler Richtung auslaufende Himalaya-Hauptkette hin gezogen werden muß.

Extremen winterlichen Unbilden wird lokal, wohl gelegentlich auch regional, in etwas tiefere Lagen ausgewichen. „Wenn die Nahrung in den Wintermonaten knapp wird, ziehen sich die Alpendrosseln bis zur Baumgrenze herab, wo sie zusammen mit *Turdus naumanni eunomus*, *Turdus ruficollis ruficollis*, *Mycerobas carnipes* die schütteren Wacholderbestände (*Juniperus squamata*) in großen Verbänden bewohnen. In der Tat scheint ihre hauptsächliche Winternahrung in Wacholderbeeren zu bestehen. Erst im April und Mai verteilen sich die geselligen Tiere wieder und bleiben in den Sommermonaten der Zwergbuschphase treu. Einige Male konnte ich jedoch beobachten, daß die Alpendrosseln auch im Spätsommer bis zur Waldgrenze hinabkommen, um die schwüle Mittagszeit in Baumwipfeln zu verbringen oder sich zur Nachtruhe in dichte Fichten- und Wacholder-Gruppen einzuschwingen. Hier handelte es sich in allen Fällen um Familienverbände nach der Brutzeit" (SCHÄFER 1938).

Jene seltenen Ost-Himalaya-Strichvögel (siehe „Zur Verbreitung") sind bei 2700 und 3700 m im November und Dezember in niedrigem *Juniperus*-Gestrüpp und Kulturland angetroffen worden.

Im Tibetischen und in Kansu wurden Alpendrosseln noch Ende Oktober hoch droben im Knieholz gesehen. PLESKE (1890) berichtet von Februar-Exemplaren im nördlichen und südlichen Tetung-Gebirge, Beleg dafür, daß die Art dort wohl Standvogel ist, wenn auch vermutet wurde, daß sie winters den kalten Nan-Shan verlasse und die wärmeren, mit Buschwerk versehenen Gebirgszüge um Sining aufsuche.

STEVENS schoß ein Stück aus einem großen Wintertrupp bei Nguluko (N Likiang), seinerzeit der erste Nachweis für Jünnan (fide BANGS 1932).

Turdus kessleri Przewalski

Alpendrossel

Zur Verbreitung

Von Südkansu über Osttsinghai bis Nordwest- und Westszetschuan und Südosttibet. Harter, nicht seltener Vogel der hochalpinen „Buschphase der oberen Nadelwaldzone bis in den Anfang der Knieholzzone hinein, d. h. 3000 bis reichlich 4000 m, im Inneren Tibets wohl sogar ziemlich reichlich darüber" (RENSCH 1923). SCHÄFER (1938) kennzeichnet diese während der ersten PRZEWALSKI-Expedition 1872 in den Gebirgen Kansus entdeckte Drossel als häufigen Charaktervogel der physiogeographisch tibetischen Region, der als scheuer, stenöker und stenohypser Standvogel die Krummholzregion der Hochalpengebiete bewohne und dort ökologisch und biologisch die Ringdrossel (*T. torquatus*), mit der er viele Gewohnheiten und Lebensäußerungen gemeinsam habe, vertrete; in Höhenlagen zwischen 4000 und 4500 m am häufigsten. In den tiefer gelegenen Beständen paläarktischen Montanwaldes wird er von der nahestehenden Kastaniendrossel (*T. rubrocanus gouldi*) abgelöst. So wie jenseits der Baumgrenze Steppenareale Platz greifen, tritt *T. kessleri* als Brutvogel sehr merklich zurück. Es bleibt aber festzuhalten, daß ihr Vorkommen, verglichen mit dem aller paläarktischen Gattungsverwandten, am weitesten in die zentraltibetische Region hineinreicht. So machte SCHÄFER in den von ihm bereisten Gebieten die nördliche Verbreitungsgrenze der Art wenig jenseits der Buschzone am obersten Jangtsekiang aus, auf etwa 4400 m Höhe in der sogenannten Kiang-Steppe (vgl. dazu 1938, p. 69 u. 71–73).

Die Grenzziehung auf unserer Karte (die vorgestellte Punkte-Auswahl wurde aus knapp 50 eruierten Fundorten getroffen) nach Südwesten ist mit Unsicherheiten behaftet. HARTERT und STEINBACHER (1935) hatten die Vermutung geäußert, daß der Vogel dort westwärts weiter verbreitet sei. Vorerst ist dies durch Nachweis brutzeitlichen Auftretens nicht belegt. Winterfunde am Ostende des Himalaya sind allerdings schon vor längerer Zeit gemacht worden, u. a. im südöstlichen Sikkim (MEINERTZHAGEN 1927, ALI 1979). Winters streifend in Nordbhutan oder im nördlichen Arunchal Pradesh zu erwarten (vgl. bei ALI u. RIPLEY 1973, auch Karte bei CHENG 1976).

Analoges dürfte für das Südostende des Areals zutreffen (siehe P. 16).

Ökologie

Auffallende Leitform für Baumgrenzlage, Knieholz und Zwergbuschphase. Solche Assoziationen (u. a. aus niedrigen Rhododendren, Weiden, auch Wacholdern) längs felsiger Bergflanken sind zur Brutzeit vertikal eng begrenzter, geographisch hingegen weit reichender Lebensraum für unsere Drossel. Kompakte Nadelwaldungen werden gemieden, im Nordteil des Areals kleine Gehölze baumwüchsiger *Juniperus*, bis 3600 m herab, durchaus nicht (vgl. PLESKE 1890).

Von den winters gesellig in Flügen zusammenhaltenden Vögeln zerstreuen sich die brutreifen im April und Mai zu Paaren; ALI und RIPLEY (1973) heben aber hervor, daß soziale Lebensweise während der Brutsaison nicht gänzlich aufgegeben werde (vgl. auch unten bei SCHÄFER). Brutzeit wohl ab zweiter Mai-Hälfte bis in den Juli. Jungdrosseln ab Juni bis Anfang August. Sehr wahrscheinlich nur eine Jahresbrut. Einige Angaben dazu: In den südtetungschen Bergen, wo *T. kessleri* Standvogel ist und stets in der Nähe großer, steiler Felsen brütet, schoß BEICK am 19. Mai ♀ mit 9 mm großem Ovarialfollikel. Bei Kimar traf er am 28. Mai noch mehrere Paare an. „Es scheinen also noch nicht alle ♀♀ zu brüten" (l. c.; STRESEMANN et al. 1937). Nestfund (vermutlich von *kessleri*!) in Felsen ebendort am 14. Juni.

Die dritte PRZEWALSKI-Expedition stieß im südlichen Kuku-nor-Gebirge auf 2 Nester mit frischem Dreier- und Vierer-Gelege am 26. Mai. Sie waren ziemlich frei, unter vorspringendem Fels, relativ niedrig über einem ausgetrockneten Bachbett, plaziert und aus Grasstengeln gefertigt, eine Mulde mit Haaren und mit Federn von *Perdix hodgsoniae sifanica* ausgelegt. Ausgeflogene Junge sind Ende Juni registriert worden, die dann im Juli und August mit den Eltern in Ketten lebten.

RENSCH (1923) berichtet von einem Nest mit 4 Eiern in Trockenbusch nahe einem Hangweg um Sungpan vom 23. Juni (Nachgelege?). Pull. („eben ausgeflogen") vom 6. Juni, ad. Ende Juli mit abgetragenem Gefieder, juv. Anfang August teils im reinen Jugendkleid, teils am Mauserbeginn.

Aus SCHÄFERS (1938) hervorragendem Umriß der *kessleri*-Ökologie am Südwestrand des Areals sei kursorisch angeschlossen: „Zu Beginn der Paarungszeit (Ende April) stellen sich zuerst die Männchen in überraschender Überzahl in den Brutrevieren ein. Oft konnte ich Flüge von 50–100 Individuen beobachten, die sich fast ausschließlich aus männlichen Exemplaren zusammenstellten. Sie verteilten sich zur Nahrungssuche meist über einen großen Flächenraum und strichen allabendlich hochfliegend in großen Geschwadern wieder in etwas tiefere Regionen. Im Mai findet die Paarung statt. Die Vögel werden dann scheuer ... legen aber selbst während der Brutzeit ihre sehr geselligen Gewohnheiten nicht ab. So konnte ich, während die Weibchen brüteten, oft Scharen von männlichen Individuen beobachten, die auf den Alpenmatten zusammenkamen, um nach Ringdrosselart Futter zu suchen ... Die Nester werden auf felsigem Gelände, in dichten Rhododendron- oder Weidenbüschen gut getarnt, dicht über dem Erdboden angelegt. Reiner Felsbrüter scheint *Turdus kessleri* nicht zu sein. Die Brutzeit fällt in den Juni und Juli.

FUNDORTLISTE

1.	Laoting (6. u. 12. III.)		LUDLOW 1951
2.	Payoundou (26. IV.)		VAURIE 1972
–	Trashiling (25. IV.)		VAURIE 1972
3.	Dy-tschu	B	PLESKE 1890
4.	Lager 78 (N Chinto)	A	SCHÄFER 1938
5.	Bamburtsik (III.)		VAURIE 1972
6.	Burchan-Buddha-Gebirge (= Puerkhan Puta Shan)	A	VAURIE 1972
7.	Süd-Kuku-nor-Gebirge	N	PLESKE 1890
8.	Matisse (10.–16. IV.)		PLESKE 1892
9.	Kimar	A	STRESEMANN et al. 1937
10.	Tao-Tal (Choni)	A	BANGS u. PETERS 1928
11.	Min-shan	ABJ	LÖNNBERG 1924, BANGS u. PETERS 1928
12.	Sungpan	NJ	RENSCH 1923
–	Berg Kuntschala	A	BEREZOWSKI u. BIANCHI 1891
–	Paß Sue-schan	A	Coll. Zool. Mus. Berlin
–	Shuitsaupa	AJ	WITMER STONE 1933/1934
–	Camp 6	J	WITMER STONE 1933/1934
13.	Nom Chu (30. III. – 2. IV.)		VAURIE 1972
14.	Chengtze (V.)		RILEY 1931
–	Yulongshi (V.)		RILEY 1931
15.	Ku-lu (IV.)		BANGS 1932
–	Mt. Mitzuga	A	RILEY 1931
16.	Nguluko (I. u. III.)		BANGS 1932

LITERATUR

ALI 1979 — Birds Eastern Himalayas. Delhi-London-New York. 213.

ALI u. RIPLEY 1973 — Handb. Birds India and Pakistan. 9. Bombay-London-New York. 124–125.

BANGS 1932 — Field Mus. Nat. Hist. 18, 361.

BANGS u. PETERS 1928 — Bull. Mus. Comp. Zoöl. Harvard 68, 348.

BEREZOWSKI u. BIANCHI 1891 — Aves exped. Potanini Gansu 1884–1887. Sanktpeterburg. 100.

CHENG 1976 — Distrib. List of Chinese Birds (Rev. Ed.). Peking. 594–595.

HARTERT u. STEINBACHER 1935 — Vögel palaearkt. Fauna. Ergänzungsbd. Berlin. 305.

LÖNNBERG 1924 — Ibis 6 (11), 315.

LUDLOW 1951 — Ibis 93, 561.

MEINERTZHAGEN 1927 — Ibis 3 (12), 577.

PLESKE 1890 — Aves Przewalskianae. St. Petersburg. 21–28.

PLESKE 1892 — Exped. Grum-Grzimailo Centr. Asien (1889–90). St.-Petersburg. 291.

RENSCH 1923 — Abh. Ber. Mus. Tierk. Völkerk. Dresden 26, 48.

RILEY 1931 — Proc. U. S. Nat. Mus. 80, 60.

SCHÄFER 1938 — J. Orn. 86 (Sonderh.), 211–213.

STRESEMANN, MEISE u. SCHÖNWETTER 1937 — J. Orn. 85, 546.

VAURIE 1972 — Tibet and its Birds. London. 296.

WITMER STONE 1933/1934 — Proc. Acad. Nat. Sci. Philadelphia 85, 208.

XIV

1987

Chersophilus duponti (Vieillot)

bearbeitet von

K. WUNDERLICH

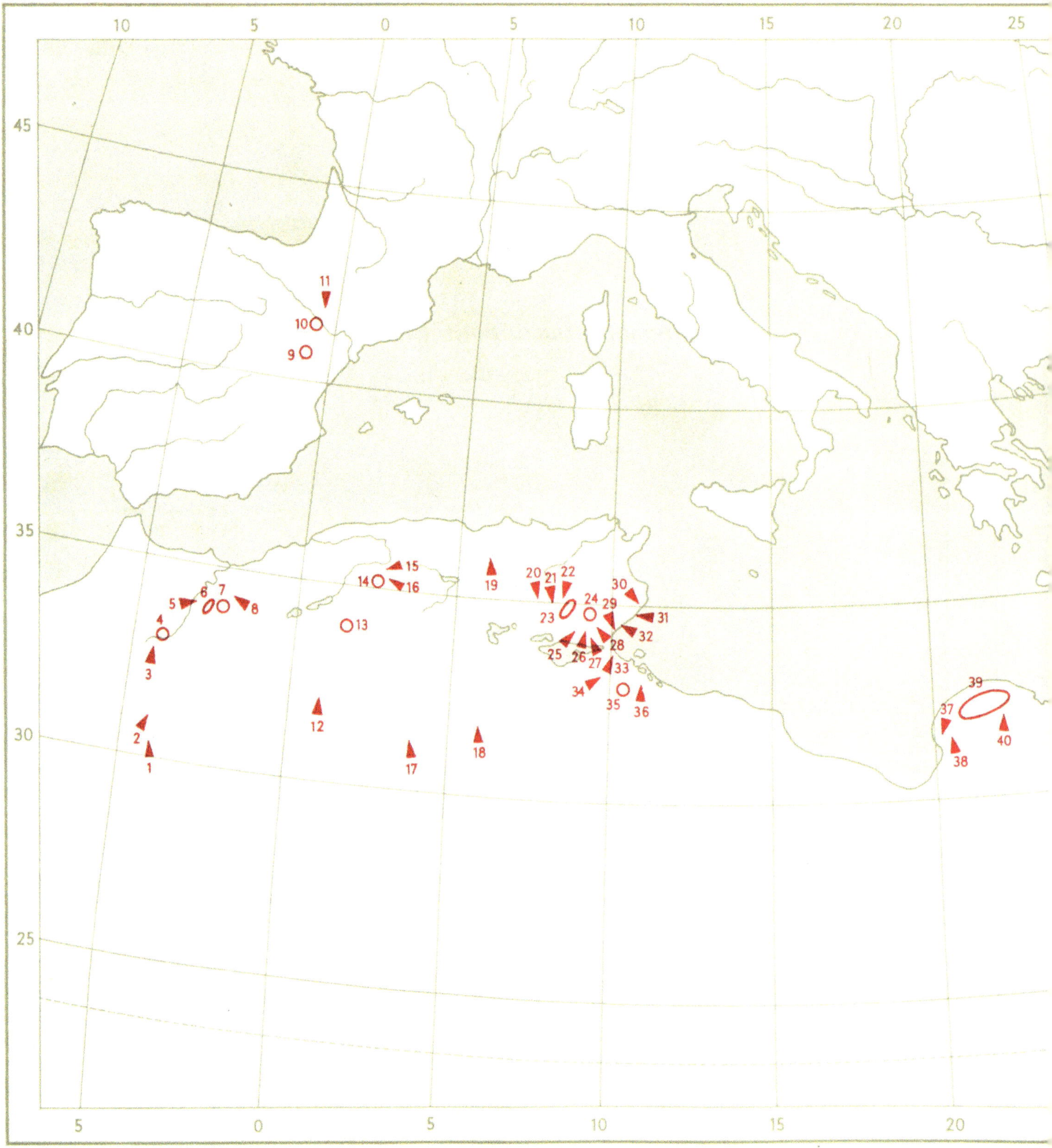
10
5
0
5
10
15
20
25
45
40
35
30
25
1
2
3
4
5
6
7
8
9
10
11
12
13
14
15
16
17
18
19
20
21
22
23
24
25
26
27
28
29
30
31
32
33
34
35
36
37
38
39
40
5
0
5
10
15
20

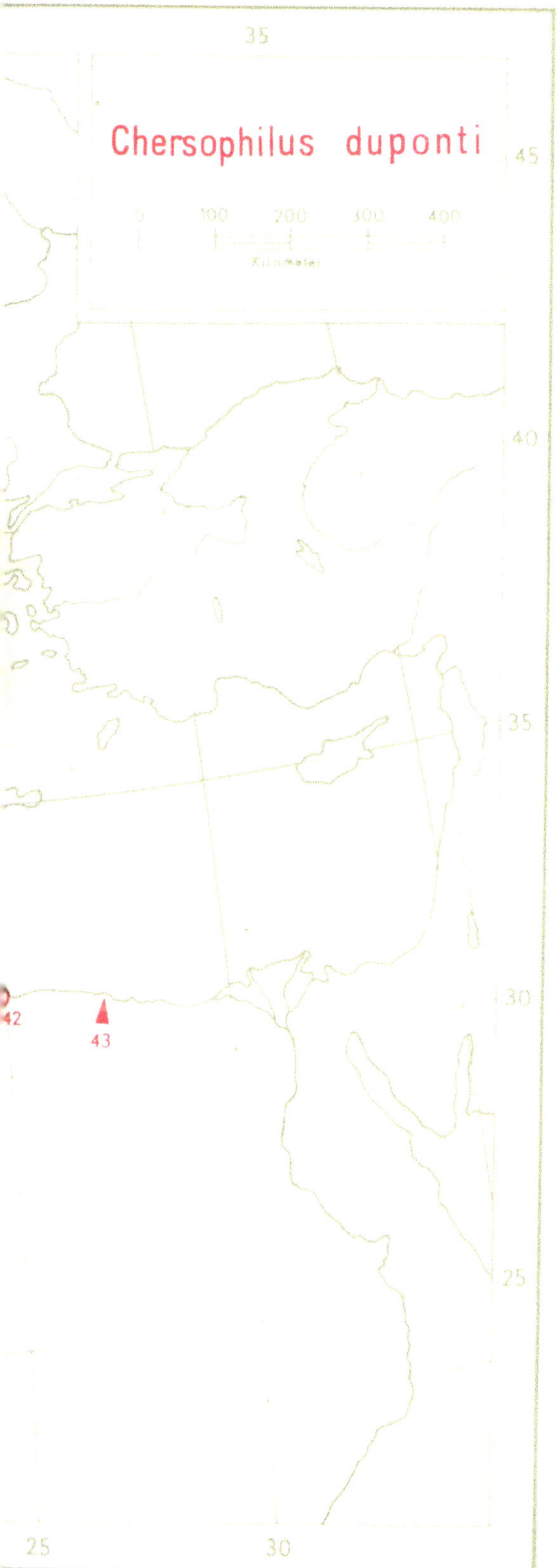

FUNDORTLISTE

1.	in Hassi Madjez (19. III.)		Panouse nach Valverde 1957
2.	Rissani (Tafilalet)	A	Hüe 1953
3.	bei Midelt	c	Smith 1965
4.	plains S Boulemane	c	Smith 1965
5.	Guercif	A	Brosset 1961
6.	zw. Taourirt u. Debdou	A	Brosset 1961
7.	Tafrata-Ebene	Bc	Brosset 1956
8.	Berguent	B	Brosset 1956
—	nahe Berguent	N	Smith 1965
9.	Teruel-Provinz	A	Aragüés u. Herranz 1983
10.	Saragossa	A	Aragüés u. Herranz 1983
11.	Huesca	A	Aragüés u. Herranz 1983
12.	Bou Arfa (10.–14. V.)		Hüe nach Valverde 1957
13.	El Bayadh	B	Ledant et al. 1981
14.	Region d'Aflou	B	Ledant et al. 1981
—	zw. El Ousseukh u. Aflou	A	Makatsch 1957
15.	bei Ain Oussera (X.)	s	Ticehurst u. Whistler 1938
		A	Hartert 1928
—	Umgebung von Ain Oussera	BNJa	Hartert 1915
16.	nahe Djelfa (X.)	c	Ticehurst u. Whistler 1938
—	Plateau zw. Bou Saada u. Djelfa	A	Hartert 1928
—	N Guelt-es-Stel	↓	Hartert 1915
—	um Djelfa	B	Heim de Balsac 1926
17.	bei Ghardaïa (II.)		Gaston 1970
18.	bei Hassi Messaoud (19. III.)		Arnould 1961
19.	bei Eulma (Ende I.)		Adrien (pers. Mitt.) nach Ledant et al. 1981
20.	Region Tébessa	A	Heim de Balsac u. Mayaud 1962
21.	Bou Chebka	BN	Whitaker 1905
22.	nahe El Oubira	A	Whitaker 1905
—	bei Quelle Bou Dries	BNc	von Erlanger 1899
23.	Ebenen zw. Feriana u. Oued Kassarine	BN	von Erlanger 1899
		c	Whitaker 1905
—	Bir-bou-Haya	c	von Erlanger 1899
—	bei Maajen-el-Abbés (S Feriana)	A	von Erlanger 1899
—	Region S Tebéssa (III.)		Payn 1948
—	Hochplateau N Feriana	BN	Whitaker 1905
24.	Djebel Mellouissi	A	von Erlanger 1898
25.	Gafsa	A	Hartert 1923
—	zw. Gafsa u. Feriana	A	Whitaker 1905
26.	Djebel Souenia	A	Hartert 1923
27.	Bir Mehamla	A	Whitaker 1905
28.	nahe Maknassy	A	Lavauden nach Bannerman 1927
29.	Ebenen zw. Graïba u. Achichina	A	Bannerman 1927
30.	El Djem	A	von Erlanger 1898
31.	Cap Louza	A	von Erlanger 1898
32.	N Mahares	A	von Erlanger 1899
33.	Gabés	B	Vaurie 1959
—	beim Oued Nachla	B	von Erlanger 1899
—	zw. Gabés u. Oued Akarith	B	von Erlanger 1899
—	El Hamma (30. III.)		Coll. Zool. Mus. Berlin
—	bei Gabés	B	Whitaker 1905
34.	Tamezred	A	Whitaker 1905

35. Medenine	B	ZEDLITZ 1909
— Tatahouin (II.)		Coll. Zool. Mus. Berlin, Coll. Brit. Mus. nach BANNERMAN 1927
36. Oglet Ksar	A	BANNERMAN 1927
37. bei Soluk	A	HARTERT u. STEINBACHER 1932
	A	HARTERT 1923
	A	STANFORD 1954
38. Sheleidima track	J	STANFORD 1954
39. S Jebel Akhdar	A	BUNDY 1976
40. bei Mechili (= Mekelli)	A	HARTERT u. STEINBACHER 1932
	BN	HARTERT 1923
41. E Tobruk	A	LATHAM 1973
42. Küstengürtel von Salum (= Sollum)	B	MEINERTZHAGEN 1930
— ca. 15 miles W Sollum	c	MEINERTZHAGEN 1921
43. Matruh	B	VAURIE 1959

Anmerkung

Zu P. 16: HARTERT registrierte dort, in der Brutzeit, Gesang von *Ch. duponti.*

LITERATUR

ARAGÜÉS u. HERRANZ 1983 Brit. Birds 76, 57–62.
ARNOULD 1961 L'Oiseau 31, 144.
BANNERMAN 1927 Ibis 3 (12), Suppl., 97, 108–110.
BROSSET 1956 Alauda 24, 189.
BROSSET 1961 Trav. Inst. sci. chérif., ser. Zool. 22, 56.
BUNDY 1976 Birds of Libya. London. 56.
DECIO FRUGIS 1963 Riv. Ital. Orn. 33, 110.
VON ERLANGER 1898 J. Orn. 46, 377.
VON ERLANGER 1899 J. Orn. 47, 369–374.
GASTON 1970 Bull. B. O. C. 90, 53–66.
HARTERT 1905 Vögel paläarkt. Fauna. Berlin. 252–253.
HARTERT 1915 Novit. Zool. 22, 72–73.
HARTERT 1923 Novit. Zool. 30, 12–13.
HARTERT 1928 Novit. Zool. 34, 360.
HARTERT u. STEINBACHER 1932 Vögel paläarkt. Fauna. Erg.-Bd., Berlin, 129.
HEIM DE BALSAC 1926 Mém. Soc. Hist. Nat. Afrique du Nord 1, 45–47.
HEIM DE BALSAC u. MAYAUD 1962 Ois. du Nord-Quest de l'Afrique. Paris. 215–217.
HÜE 1952 Alauda 20, 261–262.
HÜE 1953 Alauda 21, 129.
LATHAM 1973 R. A. F. O. S. Journ. 8, 24–44.
LAVAUDEN nach BANNERMAN 1927
LEDANT, JACOB, JACOBS, MALHER, OCHANDO u. ROCHÉ 1981 Gerfaut 71, 351.
MAKATSCH 1957 Vogelwelt 78, 26.
MEINERTZHAGEN 1921 Ibis 3 (11), 645.
MEINERTZHAGEN 1930 Nicoll's Birds of Egypt. I, London. 151.
MOLTONI 1945 Riv. Ital. Orn. 15, 56.
MOLTONI u. BRICHETTI 1978 Riv. Ital. Orn. 48, 103.
PAYN 1948 Ibis 90, 7.
PUNZO 1968 Riv. Ital. Orn. 38, 73.
SMITH 1965 Ibis 107, 517.
STANFORD 1954 Ibis 96, 472.
TICEHURST u. WHISTLER 1938 Ibis 2 (14), 732–733.
VALVERDE 1957 Aves del Sahara Español. Madrid. 238.
VAURIE 1959 Birds palearct. Fauna. Passerif., London. 27.
VERHEYEN 1958 Alauda 26, 1–25.
WHITAKER 1905 Birds of Tunisia. I, London. 245–250.
WHITE 1959 Bull. Brit. Orn. Cl. 79, 164, 166.
ZEDLITZ 1909 J. Orn. 57, 65–166.

Chersophilus duponti (Vieillot)

Duponts Lerche

Verwandtschaft und Gliederung

WHITE (1959) vermutete *Chersophilus* (und *Calandrella*) systematisch nicht weit von *Alauda* und *Galerida* entfernt (vgl. dazu auch VERHEYEN 1958). HEIM DE BALSAC und MAYAUD (1962) haben sich entsprechend zusammenfassend geäußert, siehe p. 215.

Es werden 2 Subspecies unterschieden: Die dunkle, braune und gestreifte Nominatform *Ch. d. duponti* Vieillot und die auffallend blasse, rötlich zimtfarbene, mehr gefleckte als gestreifte *Ch. d. margaritae* Koenig. Jene bewohnt Ost-Marokko, Algerien und Tunesien bis ungefähr zum Südabfall des Atlas und zu den sich östlich anschließenden Gebirgsstöcken und montanen Ausläufern, diese die südlich angrenzenden Teile Algeriens, Tunesiens, die nördliche Cyrenaika und den Küstenstreifen Westägyptens, bis Matruh im Osten. Vgl. auch bei HEIM DE BALSAC und MAYAUD (1962, p. 216/217).

Zum Vorkommen der Nominatform in Spanien etc. siehe unter „Verbreitung".

In Tunesien fand VON ERLANGER (1899) sie nördlich einer Linie Tebessa, längs des Gebirges Sidi Aich, Djebel Melloussi, von dort nordwärts nach El-Djem und Cap Louza. Südlich davon lebt *margaritae*; nach beiden Seiten dieser subspezifischen Verbreitungsgrenze hin wurden intermediäre Vögel gesehen und gesammelt. Detailliert dazu bei VON ERLANGER 1899. WHITAKER (1965): „Stücke von den mehr nördlichen und Hochplateau-Distrikten sind dunkel, hingegen jene von den südlichen und Halbwüsten-Regionen fahler und auffallend rötlich braun, während solche von dazwischen liegenden Fundorten farblich intermediär sind."

Zur Verbreitung

Unsere Karte verdeutlicht das zweigeteilte Areal des Vogels auf afrikanischem Boden. In Tripolitanien jenseits 15° Ost und S 31° N (letzteres zutreffend für das Gesamtareal) nicht gesehen. „Nicht erwähnt entlang die Syrte-Küste, obwohl manche Gebiete geeignet erschienen" (BUNDY 1976). In der Cyrenaica selten und lokal, dabei im östlichen Küstengürtel kaum weiter als 35–40 km ins Landesinnere vordringend (siehe MEINERTZHAGEN 1930). Das Vorkommen in NE-Spanien ist noch wenig belegt. ARAGÜÉS und HERRANZ (1983) machten dazu Angaben vom Beginn der 80er Jahre.

Unser Kartenbild läßt vermuten, daß der Südrand des Areals Auflösung in Exklaven erfährt; Grund genug, auch hier keine exakte Grenzziehung zu versuchen.

Als Irrgast ist die Art im westlichen Mittelmeerraum hin und wieder registriert worden, so in Portugal, auch Südspanien, den Ost-Pyrenäen, der Provence, Italien, auf Malta (vgl. u. a. bei HEIM DE BALSAC 1926, HARTERT 1928, MOLTONI 1945, HÜE 1952, DECIO FRUGIS 1963, PUNZO 1968, MOLTONI u. BRICHETTI 1978).

Oekologie

Weniger Wüsten-, mehr Steppenvogel. WHITAKER (1905) fand alle tunesischen Hochebenen, auf denen er *Chersophilus* begegnete, mit wildem Thymian und anderen niedrigwachsenden Pflanzen bedeckt, den Vogel in keinem Falle auf nackten Flächen. VON ERLANGER (1899) nannte *Chersophilus* Steppenvogel im wahren Sinne des Wortes, „steinige aride Plateaux, unabsehbare, mit Halfa (*Stipa tenacissima* – K. W.) bewachsene Ebenen sind ihre Heimat". Das tunesische Hauptbrutgebiet der Lerche (Steppe S der Gebirge Sidi-Ali-ben-Aoun u. Sidi-Aich) wird als steinige Gefilde bewachsen mit Halfa und anderen Wüstengräsern und Sträuchern, das Vorzugshabitat, charakterisiert (l. c.).

TICEHURST und WHISTLER (1938) für Algerien: „Sie bewohnt die dickeren und mehr ausgebreiteten Halfa-Flecken und, lieber als aufzufliegen, entzieht sie sich dem Beobachter durch behendes Davonrennen und Sichverbergen unter Halfa-Horsten." Auch WHITAKER (1905) schilderte sie als „nicht annähernd so ungewöhnlich wie generell vermutet"; ihr außerordentliches Verbergevermögen begünstige das Übersehenwerden.

BANNERAMN (1927) beschrieb das Habitat auf den Ebenen zwischen Graiba S Maharés und Achichina (östl. Zentral-Tunesien) wie folgt: „The plain here was of hard-baked reddish soil without any stones, but covered with hummocks, over which low shrubs such as *Halocnemon strobilaceum* and *Thymelaea hirsuta* were growing."

WHITAKER (1905, vgl. oben) differenzierte vergleichsweise das Habitat von *Ch. d. margaritae* auf tunesischem Terrain dahin, daß die von ihr aufgesuchten Distrikte weiter südlich lägen, mehr oder weniger arid seien und wüstenähnlich, natürlicherweise bedeckt mit etwas verschiedener Vegetation von der, in der die Nominatform erscheine. Anstelle des dunkelgrünen Wild-*Thymus* und ähnlicher Stauden auf den Hochebenen weiter im Norden, begegne man öfter Halfa-Gras und Halbwüsten-Sträuchern. VON ERLANGER (1899) sah die nominate *Ch. d. duponti* auf tunesischem Boden häufig bei der Quelle Bou Dries (P. 22) in der Steppe am Rande von Aleppo-Kiefernwaldungen (*Pinus halepensis*). HARTERT (1905) hob hervor, daß *Ch. d. margaritae* am Sahara-Nordrand mehr die peträische Wüste als die eigentlichen Flugsandflächen bewohne.

Fortpflanzungsperiode: Die Brutzeit währt von März (zur Monatsmitte schon Vollgelege) bis in den Juni, wobei Mai-Gelege bereits Zweitgelege zu sein scheinen, solche von Juni vielleicht Ersatz für verlorengegangene Zweitgelege (HEIM DE BALSAC u. MAYAUD 1962). Im Süden wird im allgemeinen etwas früher mit dem Brüten begonnen. SMITH (1965) fand nahe Berguent (Marokko) bereits am 1. Februar (1960) ein fast komplettes Nest – bei Bodenfrost in den meisten Nächten.

WHITAKER (1905), HARTERT (1915) und MEINERTZHAGEN (1930) haben ausführliche Nestbeschreibungen geliefert, davon stand nach HARTERT ein Nest (mit 3 frischen Eiern, zwischen Djelfa u. Ain-Oussera, Algerien, am 13. V.) „ziemlich tief und gut verborgen unter einem Busch von *Artemisia herba-alba* und bestand fast ganz aus Wurzelfasern, Fasern und Zweigen, mit einem kleinen Büschel Haaren. Ein anderes leeres Nest stand unter einem Halfa-Busch, sehr gut versteckt und ohne jedes Haar, Federn oder Pflanzenwolle; beide ebenso völlig ohne Schutzwall aus Steinen".

Die Nester, die WHITAKER (1905) zwischen Ende April und Mitte Mai auf dem Hochplateau N Feriana (Tunesien) erhielt, waren am Grunde von *Thymus*-Büschen plaziert, aus feinen Stengeln und Gräsern locker zusammengefügt, mit reicher Beimischung von weichen Faserteilen von *Anthemis mixta* und anderem ähnlichen Material. Die Auspolsterung war gering bis kaum vorhanden.

Vollgelege enthalten 3 oder gelegentlich 4 sehr blaß grünlich-weiße Eier, die braune und fahl-violette Flecke haben. Zu Eifärbung und -maßen siehe auch bei VON ERLANGER (1899), WHITAKER (1905), HARTERT (1915), HEIM DE BALSAC (1926). HARTERT konstatierte „full grown young were running" am 13. Mai bei Ain-Oussera (Algerien), zugleich Nest mit drei frischen Eiern. WHITAKER (1905) registrierte ein Dreier-Gelege bei Bou-Chebka (Tunesien) am 15. Mai, flügge Junge bei Gabés (südlicher!) im April. HEIM DE BALSAC und MAYAUD (1962) stellten bei Djelfa im Mai Jungvögel fest, zugleich Brüten bei anderen Paaren.

Als Nahrung dienen kleine Sämereien und Insekten.

Wanderungen

Standvogel. Gelegentlich als Streifer oder Zufallsbesucher in benachbarten Ländern (vgl. unter „Zur Verbreitung"). Über Brüten dort wird nichts mitgeteilt.

XIV

1987

Parus hyrcanus (Sarudny et Loudon)

bearbeitet von

W. M. LOSKOT

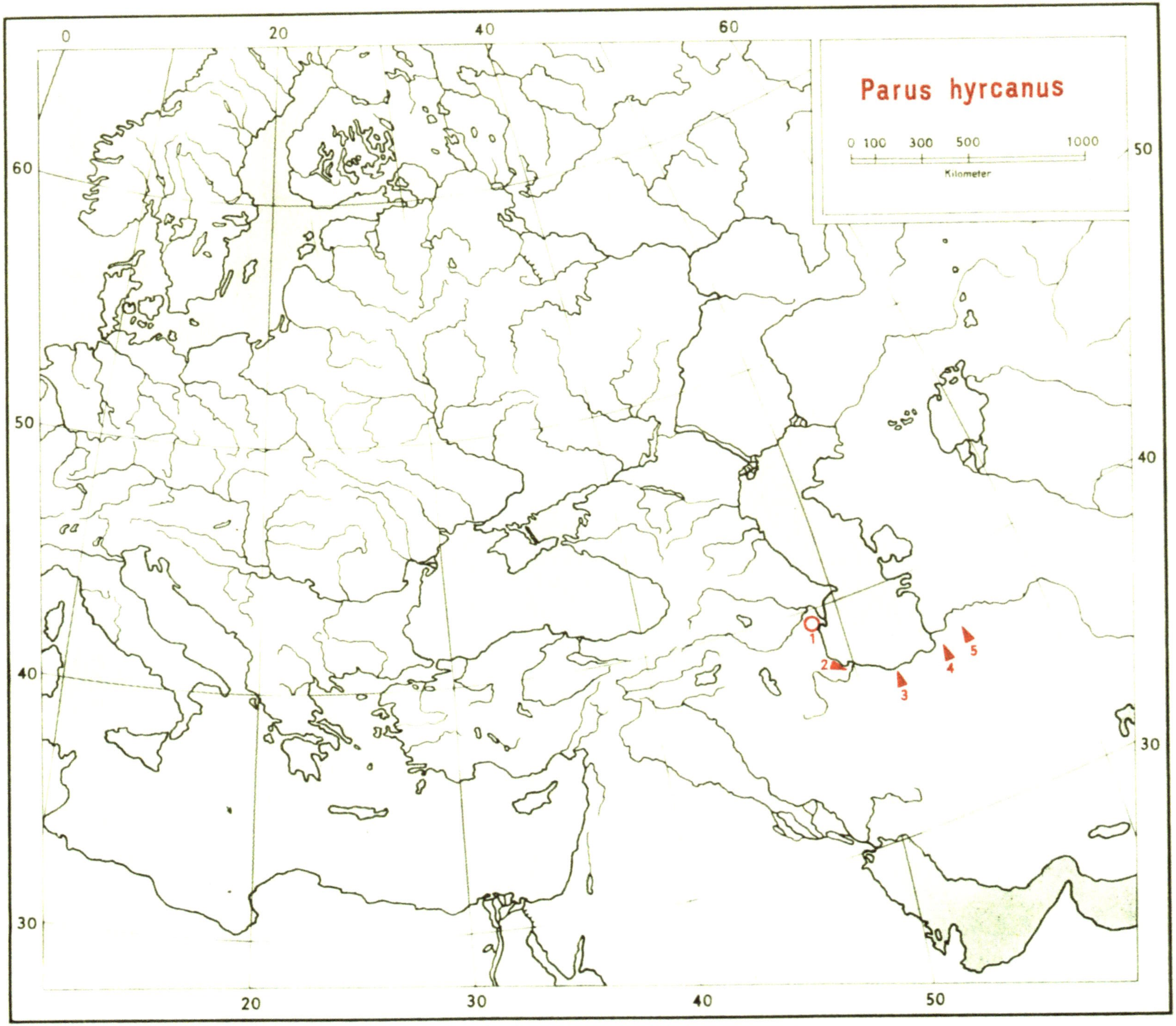
Parus hyrcanus
0 100 300 500 1000
Kilometer
1
2
3
4
5
0
20
40
60
50
40
30
20
30
40
50
60
50
40
30

FUNDORTLISTE

1. Umgebung von Lerik	AeNJ	LOSKOT 1977
– Wizezamin (7.–10. X. 1963)	A	STEPANJAN 1974
2. um Rustum Abad (= Rostemabad)	A	SARUDNY u. LOUDON 1905
3. Anan (VIII.)	J	BLANFORD 1876
– Nordseite Elburs	A	WITHERBY 1910
4. Dimalu	AJ	VAURIE 1950
5. bei Ach-Imam	↓ J	ZARUDNY, BILKEWITSCH 1913

Anmerkung

Zu P. 5: Möglicherweise sind einige *hyrcanus*-Bruten am 29. Mai 1967 im Grenzgebiet von Gorgan und Chorassan in den Wäldern zwischen Dasht und Dorlatabad (ÉRARD u. ETCHÉCOPAR 1970) angetroffen worden. Die Vögel wurden nicht gesammelt; so besteht keine volle Gewißheit darüber, daß sie dieser Form angehörten.

LITERATUR

BLANFORD 1876 Eastern Persia 2. London. 229.
ÉRARD u. ETCHÉCOPAR 1970 Mém. Mus. Hist. Nat., Sér. A, 66, 107–108.
LOSKOT 1977 Westn. Zool. 4, 28.
LOSKOT 1978 Trudy Zool. inst. AN SSSR 76, 46–60.
SARUDNY u. LOUDON 1905 Orn. Mber. 13, 76.
STEPANJAN 1974 Bjull. Mosk. ob. ispyt. prirody (Bull. Soc. Nat. Moscou) 79, 144.
STEPANJAN 1978 Sost. i raspred. ptic fauny SSSR. Passeriformes. Moskwa. 242.
VAURIE 1950 Amer. Mus. Novit. 1459, 4.
WITHERBY 1910 Ibis 9 (4), 505.
ZARUDNYJ, BILKEWITSCH 1913 Orn. Westn. (Mess. Orn.) 4, 30.

Parus hyrcanus (Sarudny et Loudon)

Bergmeise

Bis vor kurzem ist diese wenig studierte Meise als Unterart der Trauermeise (*P. lugubris*) betrachtet worden. Der einzige Grund dafür war ihre äußere Ähnlichkeit mit braunköpfigen Stücken von *P. l. lugubris* aus Europa. Eigene Untersuchungen (LOSKOT 1977, 1978) des Komplexes der Merkmale, eingeschlossen Gefiederfärbung, Maße und Proportionen, auch wichtiger nichtmorphologischer Kriterien, zeigten dieses: Areal, Lautäußerungen (darunter Gesang) und Besonderheit des Nestbaus bezeugen die spezifische Eigenständigkeit der Meise.

Jene Merkmale – das anfangs schwarze „Käppchen" bei jungen Vögeln, die intensiv rötlichen Körperflanken im frischen Gefieder, die Form des Kehlflecks, auch die Ähnlichkeit von Gesang und Nestbauweise – gestatten es, *P. hyrcanus* in die Nähe von *P. songarus* und *P. montanus* zu rücken.

Monotypisch. Die unterschiedliche Gefiederfarbe der Talysch-Vögel, nach der die Unterart *P. lugubris talischensis*, Stepanyan, 1974 (= *P. hyrcanus talischensis* Stepanyan, 1978) beschrieben worden ist, ist saisonalem Wandel [*Parus hyrcanus* (Sar. et Loud., 1905) = *Parus lugubris talischensis* Stepanyan, 1974; LOSKOT 1977, 1978] unterworfen. Die geringe Zahl neuerdings gesammelter Vögel erlaubt es nicht, die geographische Variation ihrer Körpermaße sicher zu bewerten.

Verbreitung und Oekologie

Spärliche Verbreitungsangaben besagen, daß diese Meise nicht jenseits der Grenzen von Talysch und Elburs-Nordabfall angetroffen wird und daß sie ausschließlich Bergwälder hyrcanischen Typs bewohnt. Zur Zeit markieren Funde aus der Umgebung von Lerik (Talysch) die Westgrenze des Areals, die Ost-Peripherie solche bei Ach-Imam im Gorgan.

Die ersten Kenntnisse vom Brüten der Art sind im Talysch zusammengetragen worden (LOSKOT 1978), ihre Lebensweise im Elburs ist nahezu unbekannt. Im Talysch wurde der Vogel in Wäldern mittlerer und höherer Berglagen gefunden (zwischen 550 und 1250 m); in niedriger Lage begegnet man nicht einmal jungen Stücken, die im Herbst und Winter umherstreifen. Im zentralen Elburs wurden die Meisen in großen Höhen (2000–2100 m) registriert, wo sie sich sowohl im Herbst (BLANFORD 1876) als auch zur Brutzeit aufhielten (WITHERBY 1910).

Die Wälder des mittleren Gebirgsgürtels (550–1100 m) sind lichter als die der unteren Lagen. Charakteristisch für sie sind das Fehlen des Eisenholzbaumes (*Parrotia persica*) und von Lianen, reicher Unterwuchs und üppige Krautschicht. In der ersten Schicht dominieren Ost-Buche (*Fagus orientalis*), Gemeine Hainbuche (*Carpinus betulus*), Kastanienblättrige Eiche (*Quercus castaneifolia*) und Samtahorn (*Acer insigne*). Im Unterwuchs sind viel Weißdorn (*Crataegus monogyna*), Gemeine Mispel (*Mespilus germanica*), Gewöhnliche Quitte (*Cydonia oblonga*), Rose (*Rosa* spec.). Angetroffen werden auch Stechpalme (*Ilex aquifolium*), auf Lichtungen Dickicht von Farnen und Germer (*Veratrum* spec.). Hier brüten die Meisen nur in schütteren Abschnitten, Waldrandnähe, an Blößen oder Wegen. Infolgedessen sind die Paare zerstreut, unregelmäßig verbreitet und wurden in Abständen von 0,3–2,0 km voneinander protokolliert (5 auf 9 km Marschroute).

Im höheren Montangürtel (über 1100 m) fand man die Meisen auf nach Nord und Ost exponierten Abhängen, die intensiv als Weiden genutzt werden und die durch Forstfrevel aufgelichtete und niedrige Wälder aus Buche und Hainbuche tragen, mit vereinzelten Kastanienblättrigen Eichen und Linden. Zwischen den Bäumen und auf Blößen Aufwuchs von Hainbuche (*Carpinus schuschaensis*), Weißdorn, Mispel, Kirschpflaume (*Prunus divaricata*), Quitten, Geißblatt (*Lonicera caucasica*), Rosen und Stechpalme. Hier sind die Meisen zahlreicher: Auf einer Fläche von 0,3 × 3,0 km brüteten 7 Paare. 4 von ihnen lebten in Saumlage in einem Bezirk von etwa 20 ha. Anscheinend findet die hyrcanische Meise an der oberen Waldgrenze, wo der Baumwuchs niedrig und verdünnt ist, aber weitläufiges Buschdickicht mit Lichtungen alterniert, optimale Fortpflanzungsbedingungen.

Die Lautäußerungen spielen im Großen und Ganzen wie auch bei anderen Meisen eine bedeutende Rolle im Leben der Art, obwohl sie zu den schweigsamsten Vertretern der Gattung gehört. Sogar auf den ersten Etappen des Brutzyklus singen die Männchen selten, oft nur einmal stündlich. Der Gesang besteht aus einem je Strophe mehrmals (3—5mal) wiederholten schallenden und klangvollen, leicht gedehnten „Tiu". Er ist dem von *P. songarus* und *P. montanus* sehr ähnlich, unterscheidet sich jedoch gut von dem von *P. lugubris*. Am Alarm-Orientierungslaut, einem ebenso volltönenden wie abrupten, einigemal wiederholten „Tschew", ist die Art gut von allen anderen Meisen zu unterscheiden.

In mittlerer Montanlage, zwischen 550 und 800 m, beginnen die Vögel etwa Mitte März mit dem Nestbau, in höherer Ende April. Alle 11 aufgefundenen Nester (darunter von 2 Nachgelegen) lagen in neuen Baumhöhlen, die von den Vögeln selbst ausgemeißelt worden waren. Diese Besonderheit hebt *P. hyrcanus* scharf von *P. lugubris* (für den Nestbau nur in vorgefundenen Höhlen oder Gesteinsspalten bekannt ist) ab und ähnelt anderen Vertretern des Subgenus *Poecile*, vor allem *P. songarus* und *P. montanus*, die vorzugsweise in Höhlen brüten, die von den Vögeln selbst angefertigt worden sind. Männchen und Weibchen meißeln die Höhle, sich dabei ständig abwechselnd. Mulmstückchen tragen sie im Schnabel 7—25 m weit weg, drücken sie mit den Füßchen auf Zweige und zerbröckeln sie mit zwei, drei Schnabelhieben. Derart bleiben an der Höhle keinerlei Spuren von Bautätigkeit zurück.

Die Höhle hat die für Meisen typische Retortenform. Das Flugloch ist rund oder oval; im ersten Falle beträgt sein Durchmesser ($n = 7$) 3,0—3,8 cm (Mittel 3,3 cm), im zweiten 2,9 × 3,2 cm, 2,5 × 4,3 cm, 3,8 × 4,2 cm. Die Höhlenmaße ($n = 7$): Tiefe total 14,5—27,5 cm (Mittel 21,6 cm); Höhe der Nestkammer 8,7—16,5 cm (12,7 cm), ihr Durchmesser (= Nestdurchmesser) 6,8 × 8,2 cm (7,3 cm), in einem Falle 6,4 × 7,5 cm.

Bei zwei Paaren bauten nur die Weibchen. Das Nest ist becherförmig; seinen Boden setzen grobe Streifen Baumrinde zusammen, die mit Haar und Wolle von Nage- oder Haustieren (Rindern, Schafen) verflochten sind, ebenso Pflanzenfasern (fliegende Samen von Asteraceae). Die Mulde bedecken fädige Pflanzenfasern, Pflanzen- und Tierwolle, manchmal einige (3—5) Federchen der Vögel selbst. In keinem der angetroffenen Nester war — sonst charakteristisch für die vieler Meisen, darunter für die meisten *P. lugubris*-Nester — grünes Moos. Nestermaße ($n = 6$): Durchmesser des Nests gleich Durchmesser der Nisthöhle (siehe Höhlenmaße); Durchmesser Mulde 4,6—6,0 cm (Mittel 5,2 cm), Tiefe der Mulde 3,0—4,3 cm (3,6 cm), Nesthöhe 4,8—6,3 cm (5,6 cm).

Zwei Gelege enthielten je 5, eines 6 und zwei je 7 Eier, ein Nachgelege bestand aus 4. Diese sind meisentypisch gefärbt: Der Grundton ist weiß, selten oder sehr selten oberflächlich mit rötlich-bräunlichen Tüpfeln und Flecken fein gemustert, die am stumpfen Pol (selten am spitzen) verdichtet sind und zuweilen einen unscharfen „Kranz" bilden. Die Schale ist glanzlos. Maße von 30 Eiern (5 Gelege); maximal 18,1 × 12,4 mm, 17,0 × 13,3 mm; minimal 16,0 × 12,8 mm, 17,0 × 12,2 mm; mittlere 16,9 × 12,8 mm; Gewicht 1,21—1,53 g (Mittel 1,40 g).

Nur das Weibchen brütet. Das Männchen hält sich überwiegend vom Nest fern, erscheint allerdings regulär alle 25 bis 40 Minuten an der Höhle mit Futter (gewöhnlich Raupen) im Schnabel, seine Ankunft mit „Tschew" signalisierend. Das Weibchen verläßt dann die Höhle, um Nahrung aufzunehmen, beide fliegen für 5—7 Minuten auf Futtersuche. Die Brutdauer ist nicht genau ermittelt worden; einige Angaben weisen darauf hin, daß sie 13—14 Tage nicht überschreitet. Die Jungen werden von beiden Eltern gefüttert, die die Nahrung in Nestnähe sammeln, selten weiter als 50 m entfernt.

Die Methoden des Nahrungserwerbs gleichen etwa denen von *P. ater* oder *P. caeruleus*: Die Vögel untersuchen hauptsächlich das dünne Zweigwerk von Bäumen und Büschen, Äste und Stämme dabei kaum beachtend. Auf Lichtungen lassen sie sich gern zum Boden herab; haben sie hier Beute gemacht, fliegen sie auf einen Zweig, wo sie sie in kleinen Stücken verzehren, sie dabei mit dem Fuß auf die Unterlage drückend.

In den Mägen von 14 Vögeln aus April und Juni (LOSKOT 1978) fanden sich die Überreste von 159 Insekten, unter denen quantitativ und dem Volumen nach Raupen überwogen, besonders Gespinstmotten (Hyponomeutidae) und Weißlinge (Pieridae), ebenso Käfer (Scarabaeidae, Curculionidae). Neben Insekten wurde in 2 Mägen ein Weichtier (*Hellicella* spec.) festgestellt; 1 Magen war zu drei Vierteln mit Leguminosensamen (Fabaceae) angefüllt, 5 andere enthielten viele Staubbeutel von Rosen (Rosaceae), allerdings gelangen diese wohl zusammen mit den Insekten, die die Vögel auf den Zweigen finden, in die Mägen.

Wanderungen

Die erwachsenen Meisen sind wahrscheinlich streng ortsstet: In Herbst und Brutzeit sind sie an denselben Plätzen anzutreffen. Junge Vögel sind beweglicher; davon zeugt der Fang einer einzelnen Meise im Diabar-Talkessel, fernab vom nächsten Wald.

XIV

1987

Phylloscopus tenellipes Swinhoe

bearbeitet von

I. A. NEUFELDT und E. v. VIETINGHOFF-SCHEEL

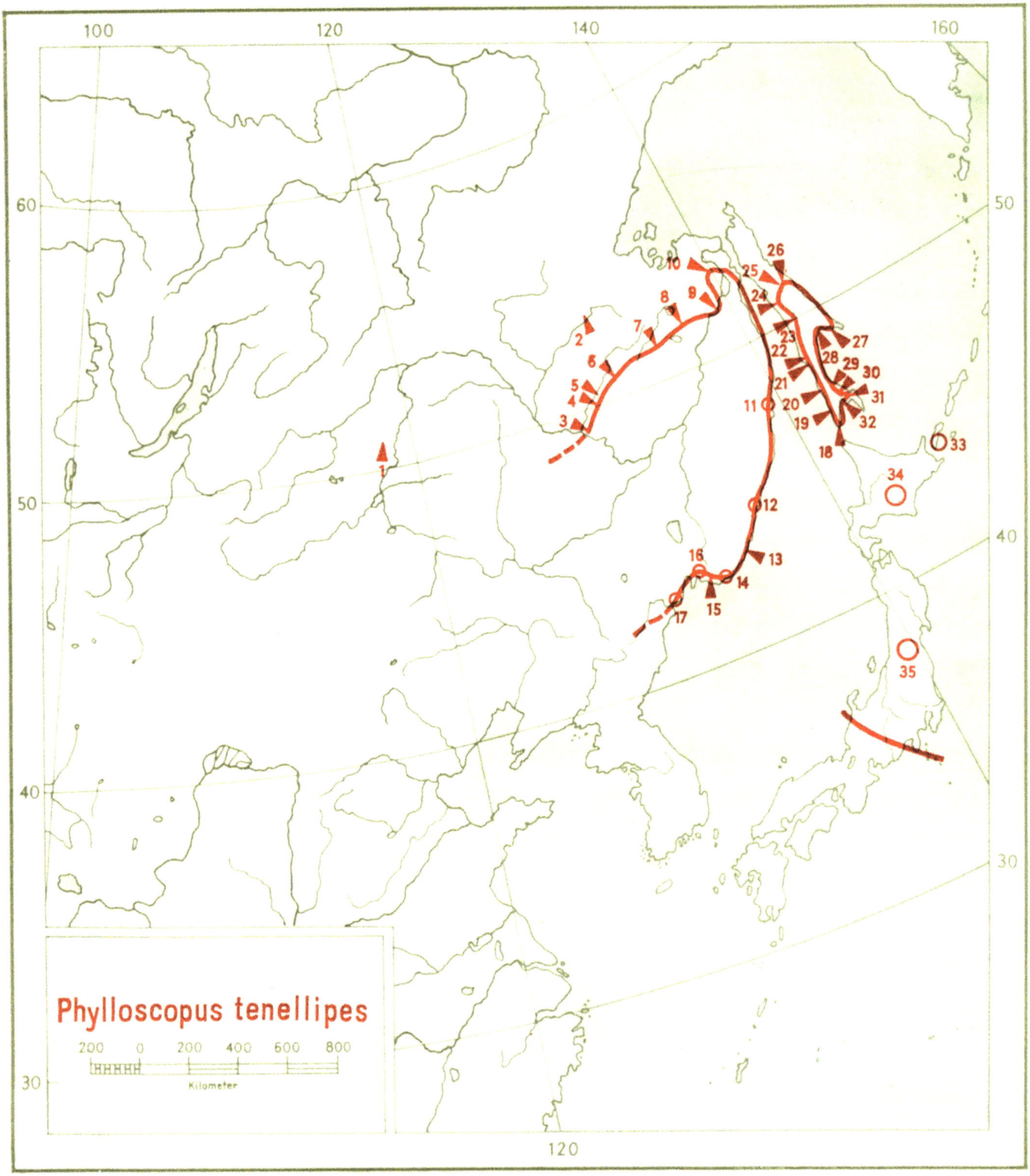
Phylloscopus tenellipes
200 0 200 400 600 800
Kilometer
100
120
140
160
60
50
40
30
120
1 2 3 4 5 6 7 8 9 10 11 12 13 14 15 16 17 18 19 20 21 22 23 24 25 26 27 28 29 30 31 32 33 34 35

Auf Sachalin besiedeln die Laubsänger bergige, besonders dunkle Birkenwälder, seltener im Tal gelegene Erlen-Linden-Wälder. Sie bevorzugen die niedrigen Lagen an Berghängen mit dichtem Baumgestrüpp, in das auch vermehrt schwächere Bäume eingestreut sind. An steilen Flußufern, in Schluchten, auf steinigen und lehmigen Blößen von Berghängen sind sie ebenfalls zu finden. Die Inselpopulation ist nicht groß; häufiger werden sie im Süden angetroffen, wo auf der Halbinsel Krilon auf 1 km nicht mehr als 3—5 Paare ansässig sind (NETSCHAJEW brfl. 1983).

Auf Kunaschir setzt sich das Habitat aus Ahorn-Erlen-Korkbaumwäldern mit Lianen zusammen oder aus Fichten-Birkenmischwald mit Erlen, Ahorn, *Kalopanax* und einer Bodendecke aus Hochgräsern (NETSCHAEW 1969).

Die japanische Inselpopulation ist nach Angaben JAHNS (1942) ,,ausschließlich Bewohner des unteren Teils der montan-subalpinen Nadelholzzone von *Abies veitchii* und *Tsuga diversifolia* als Leitform.“ *Phylloscopus tenellipes* bevorzugt die Feuchtwälder an den Nord- und Nordwestabhängen der Bergzüge, die statt Grasdecke dichten Moosbewuchs aufweisen, vor Berghängen im flachen Talgrund mit gleicher Vegetation. Im allgemeinen gilt *tenellipes* als über das gesamte Hokkaido verbreitete Vogelart und ist hauptsächlich in Höhenlagen von 450 m bis zum oberen Teil der subalpinen Hochwaldzone anzutreffen, im Daisetsuzan-Gebirge sogar noch bei 1600 m. Bereits in der ersten Juniwoche beginnen einzelne Paare mit dem Brutgeschäft. STEPANJAN (1980) berichtet von einem Weibchen, das auf Kunaschir am 5. 6. 1974 mit legereifen Eiern erlegt wurde, und sogar schon Ende Mai, wo im Schutzgebiet ,,Kedrowaja padj“ am 18. 6. 1965 zwei Familienverbände mit völlig selbständigen Jungen gefunden wurden (PANOW 1973); im Lazowskij-Schutzgebiet entdeckte man (GORBANEW 1979) am 26. 6. 1972 ein Nest von *Phylloscopus tenellipes* mit einwöchigen Jungen und *Cuculus saturatus*. Die Hauptlegezeit ist jedoch in der 2.—3. Juniwoche. Im Schutzgebiet ,,Kedrowaja padj“ war 1968 Brutbeginn in zwei Nestern am 27. 6. und 28. 6., in zwei anderen Nestern Schlüpfen vom 24.—25. 6. und 2.—3. 7. (PUKINSKIJ 1971); auf Kunaschir waren 1962 Ende Juni sehr kleine Junge im Nest, während in anderen bereits die Befiederung einsetzte (KOROTKICH et al. 1963); am 3. 7. 1962 und 21. 7. 1963 auch noch Junge im Familienverband (NETSCHAJEW 1969). Auf Sachalin war am 9. 6. 1974 ein Nest kurz vor der Vollendung, in dem am 18. 6. ein Vollgelege zu finden war; ebenso ein anderes Nest vom 14. 6. 1980 mit 7 Eiern (NETSCHAJEW brfl. 1983).

Anordnung und Konstruktion des Nestes ähneln sich im gesamten Areal und sind charakteristisch für *tenellipes*. Im südlichen Primorje (,,Kedrowaja padj“- und Dazawskij-Schutzgebiet) sowie auf Kunaschir befinden sich die Nester 1. an den Uferwänden ausgetrockneter Flüßchen, — 2. unweit von Flüssen unter den Ablagerungen aus Blättern, Zweigen usw., — oder 3. inmitten von Wurzeln großer umgestürzter Bäume. Die erste Variante überwiegt; das Nest liegt in Nischen im oberen Teil von Uferhängen, etwa 0,45—2,30 m über dem Flußbett; Tiefe der Nische etwa 0,15 m, der Eingang leicht bedeckt mit herabhängenden Pflanzen (PUKINSKIJ 1971). Das Nest besitzt häufig ein ,,Dach“, typisch auch für die Nester anderer *Phylloscopus*-Arten, und ist sehr fein, manchmal unvollständig oder gar nicht ausgebildet. Das Baumaterial ist hauptsächlich grünes Moos, die Wände durchflochten mit feinen Würzelchen von Pflanzen, aus denen auch die Unterlage und das ,,Dach“ gebaut werden (KOROTKICH et al. 1963, PUKINSKIJ 1971, GORBANEW 1970). Ein Nest vom 9. 7. mit 2—3 Tage alten Jungen aus Sounkyo (Daisetsuzan-Gebirge) war direkt am Fluß einer großen *Abies sachalinensis* tief im Erdinnern gebaut und bestand aus Moos mit nur wenigen dürren Grashalmen (JAHN l. c.). Das Vollgelege besteht aus 5—7 reinweißen Eiern (KOROTKICH et al. 1963, PUKINSKIJ 1971, NETSCHAJEW brfl. 1983); ihre Mittelmaße (11): 14,5 × 11, 8 mm (PUKINSKIJ 1971).

Typische insektenfressende Art. Auf Kunaschir fand man bei Magenproben Reste von Rüsselkäfern (NETSCHAJEW 1969). Im Lazowskij-Schutzgebiet fütterten die Laubsänger den jungen Kuckuck mit grünen Raupen und Spinnen (GORBANEW 1979). Japanische Untersuchungen ergaben als Futter Larven von Geometriden, ausgebildete Insekten von Plecopteren (Perlodidae) (YAMASHINA 1938).

Wanderungen

Zugvogel. In der Sowjetunion ist der Zug im Frühjahr (Mai) und Herbst (September) im südlichen Primorje, auf den Inseln in der Bucht Peter der Große (LABZJUK et al. 1971) gut ausgeprägt. Im Schutzgebiet ,,Kedrowaja padj“ erschienen in manchen Jahren die ersten einzelnen Zügler vom 7.—15. Mai; nach Mitte Mai verstärkte sich der Zug und hielt an bis Ende des Monats. Der Abzug beginnt im August—September; die letzten Ziehenden erschienen am 1. 9. 1959, 18. 9. 1961 und 1962 (PANOW 1973).

In der zweiten Maihälfte erreichen die Laubsänger auch das übrige Primorje und das Amurland: Altynowka 20. 5., Siwakowka und Fluß Odarka 26. 5., Kreis Sutschanskij 18. 5. (Exempl. Coll. Zool. Inst. Leningrad); Gawanj 22. 5. (KISTJAKOWSKIJ u. SMORGORSHEWSKIJ 1973), Unterlauf der Bureja 16. 5. (WINTER 1979). Beim Zug nach Sachalin auf der Insel Moneron einzelne oder Trupps von 3—5 Exemplaren vom 20.—30. 5. 1973 (NETSCHAJEW 1975); auf Kunaschir erste Ankömmlinge am 29. 5. (NETSCHAJEW 1969).

Erste Ankunftsdaten für Japan: Ende April für das Alpengebiet; regelmäßiger Frühjahrsdurchzug bei Kobe mit den ersten Nachweisen vom 17. 4., den letzten vom 2. 5., das Maximum um den 22. 4. (JAHN l. c.). Der Abflug vom Inselreich beginnt verhältnismäßig früh, Ende August—Anfang September (YAMASHINA l. c.).

MUNSTERHJELM 1922 (fide GIZENKO 1955) — Medd. Göteborgs Mus. Zool., Adv. 13.
NAZARENKO 1971 — Trudy Biol.-potschw. inst. Daln. Wost. Nautsch. Centr. Akad. Nauk SSSR, n. s., 6, 39–40.
NETSCHAJEW 1969 — Pticy Jushn. Kurilsk. ostrow. Leningrad. 167.
NETSCHAJEW 1975 — Trudy Biol.-potschw. inst. Daln. Wost. Nautsch. Centr. Akad. Nauk SSSR, n. s., 29, 15.
NIKOLSKIJ 1889 — Ostrow Sachalin i ego fauna pozw. shiw. St.-Petersb. 180–181.
PANOW 1973 — Pticy Jushn. Primorjja. Nowosibirsk. 214–216.
PORTENKO 1950 — Dokl. Akad. Nauk SSSR 70/2, 320–321.
PUKINSKIJ 1971 — Trudy Biol.-potschw. inst. Daln. Wost. Nautsch. Centr. Akad. Nauk SSSR, n. s., 6, 208–212.
RICHMOND 1902 — Proc. Unit. States Nat. Mus. 25, 291.
RILEY 1938 — Birds Siam. Washington. 436.
ROBINSON u. KLOSS 1911 — Ibis (9) 5, 65.
ROBINSON u. KLOSS 1924 — Nat. Hist. Soc. Siam 5, 324.
SCHULPIN 1927 — Dokl. Akad. Nauk SSSR, ser. A, 352.
SMIRENSKIJ u. BÖHME 1974 — Mat. 6 Wsesojuz. orn. konf. Moskwa. 1, 235.
SMYTHIES 1953 — Birds Burma. Edinburgh-London. 201.
STEPANJAN 1978 — Sostaw i raspred. ptic fauny SSSR. Passeriformes. Moskwa. 160.
STEPANJAN 1980 — Ornitologija 15, 21.
TETSUO u. MATSUKO 1925 — Karafuto Chokai-zakki, Sapporo Noringakki-ho 71, 477–482.
VAUGHAN u. JONES 1913 — Ibis (10) 1, 43.
VAURIE 1959 — Birds palearct. Fauna. Passeriformes. London 293.
WELLS 1974 — Malay. nat. J. 27, 35.
WINTER 1979 — Migr. i ekol. ptic Sibiri (tez. dokl. orn. konf.). Jakutsk. 75.
WOROBJOW 1938 — Trudy Sichote-Alinsk. zapow. 2, 48–49.
YAMASHINA 1927 — Tori 5/24, 356.
YAMASHINA 1932 — Tori 7/33–34, 233.
YAMASHINA 1938 — J. Orn. 86, 498–500.

Briefliche Auskünfte erteilten: S. ECK (China), W. W. LEONOWITSCH (Fluß Selemdsha), W. A. NETSCHAJEW (Sachalin), E. P. SOKOLOW (Transbaikalien).

Phylloscopus tenellipes Swinhoe

Ussuri-Laubsänger

Gliederung:

Die taxonomische Stellung der Inselpopulationen ist bis heute noch nicht geklärt. PORTENKO (1950) beschrieb Vögel von der Insel Kunaschir und den Japanischen Inseln als selbständige Unterart *Ph. tenellipes borealoides*. NAZARENKO (1971) ist ohne entsprechende Argumente der Meinung, sie seien selbständige Arten, während VAURIE (1959) und STEPANJAN (1968) die die Inseln und den Kontinent bewohnenden Laubsänger als eine monotypische Art betrachten.

Zur Verbreitung

Das Brutgebiet ist noch recht mangelhaft erfaßt. So wurde dieser Laubsänger 1983 überraschend häufig an einigen Orten in Südost-Transbaikalien gefunden und zwar am Oberlauf der Werchnaja Borzja (SOKOLOW brfl. 1983). Weiterhin ist bekannt, daß die Art in der UdSSR das Amurland besiedelt, im Osten von der Bureja und im Süden ungefähr vom Oberlauf der Selemdsha und Amgunj, das Primorje, den größten Teil von Sachalin, im Norden ab Fluß Tym und Nabil, und die südlichste Insel der Kurilen-Kette, Kunaschir. Von der japanischen Inselwelt bewohnt *tenellipes* das gesamte Hokkaido, dagegen von Hondo nur die nördlichste Region und erreicht hier im Gebiet der Japanischen Alpen die Südgrenze des Vorkommens (JAHN 1942).

Oekologie

Die Ussuri-Laubsänger besiedeln hochstämmige Misch- und Laubwälder mit gut entwickeltem Unterholz, bevorzugen aber Gebiete, die um Quellen von kleinen, im Sommer versiegender Flüßchen liegen, und Flußbetten nahe ihres Oberlaufs. An Mittel- und Unterläufen, wo sich weite offene Täler ausgebildet haben und der Baumbestand stark gelichtet ist, brüten sie nicht.

Im südlichen Primorje, im Schutzgebiet „Kedrowaja padj", ist diese Laubsängerart für den unteren Waldgürtel der Mittelgebirge typisch und dringt in der Regel nicht sehr hoch in den Fichten- und Zirbelkiefer-Laubmischwald ein. Mitunter ist die Art aber auch häufig in höheren Lagen und artspezifischen Habitaten anzutreffen, wie z. B. am Gipfel des Berges Wysotnaja (900–1000 m), wo der an dunklen Nadelwald der Taiga erinnernde Wald (mit großem Anteil an Fichte) angereichert ist mit dichtem Gestrüpp von Actinidien (PANOW 1973).

FUNDORTLISTE

Nr.	Fundort		Quelle
1.	Dono	ABNc	Sokolow (brfl. 1983)
2.	Ekimtschan	N	Leonowitsch (brfl. 1983)
3.	Sewernoje	A	Coll. Zool. Inst. Leningrad
–	zwischen Bureja und Uril	As	Winter 1979
–	Kundur	As	Smirenskij u. Böhme 1974
4.	Schelunda	B	Kistjakowskij u. Smogorshewskij 1964
5.	Ostrowskoe	B	Kistjakowskij u. Smorgorshewskij 1964
6.	Werchnyj-Melgin-Mündung	B	Kistjakowskij u. Smogorshewskij 1964
7.	Badshal	A	Fedotow u. Brunow 1977
8.	Eworon-See	A	Worobjow 1938
9.	Sofijsk	A	Coll. Zool. Inst. Leningrad
10.	Nowaja Ferma	A	Kistjakowskij u. Smogorshewskij 1973
11.	Fluß Bottschi	As	Emeljanow 1929
12.	Sichote-Alin-Schutzgebiet	B	Elsukow 1982
–	Ternej	A	Worobjow 1954
13.	Fluß Pchusun (= Porusung = Margaritowka)	B	Schulpin 1927
14.	Sudzuchinskij (= Lazowskij-) Schutzgebiet	B	Litwinenko u. Schibajew 1971
15.	Fluß Pejschula (= Suworowka) im Flußgebiet Majche	ANc	Neufeldt (unveröffentl.)
16.	Suputinskij (= Ussurijskij)-Schutzgebiet	A	Iwanow 1952; Coll. Zool. Inst. Leningrad
17.	Schutzgebiet „Kedrowaja padj"	Nc	Pukinskij 1971
		Bc	Nazarenko 1971, Panow 1973
18.	Fluß Kuznecowka	Ns	Netschajew (brfl. 1983)
19.	Fluß Schebuninka	Ns	Netschajew (brfl. 1983)
20.	Tomari	J	Netschajew (brfl. 1983)
21.	Fluß Ajnskaja	N	Netschajew (brfl. 1983)
22.	Uglegorsk	B	Gizenko 1955
23.	Fluß Onor	B	Netschajew (brfl. 1983)
24.	Fluß Armudan	J	Netschajew (brfl. 1983)
–	Aleksandrowsk (= Aleksandrowsk-Sachalinskij)	A	Nikolskij 1889
25.	Fluß Tym	A	Tetsuo u. Matsuko 1925
26.	Fluß Nabil	J	Netschajew (brfl. 1983)
27.	Fluß Wladimirowka	A	Netschajew (brfl. 1983)
28.	Fluß Poranaj	B	Gizenko 1955
29.	Starodubsk	A	Munsterhjelm 1922 (fide Gizenko 1955)
30.	Nowoaleksandrowsk	AJ	Gizenko 1955
–	Jushno-Sachalinsk	J	Netschajew (brfl. 1983)
31.	Tunajtscha-See	J	Netschajew (brfl. 1983)
32.	Fluß Ljutoga	J	Netschajew (brfl. 1983)
–	Solowjewka	N	Netschajew (brfl. 1983)
33.	Insel Kunaschir: Umgebung von Jushno-Kurilsk	A	Portenko 1950; Coll. Zool. Inst. Leningrad
	Umgebung Mendelejewo	N	Korotkich et al. 1963
	am Fuß des Vulkans Mendelejewa	N	Stepanjan 1980
	Alechnika-Oberlauf	Js	Netschajew 1969
	Sernowodsk	Js	Netschajew 1969
34.	Hokkaido	BNa	Jahn 1942
35.	Nord- bis Mittel-Hondo (Japanische Alpen)	N	Jahn 1942

LITERATUR

Austin 1948 — Bull. Mus. Comp. Zool. Harvard 101/1, 214 (= Birds Korea).

Chong 1938 — Contrib. Biol. Lab. Sci. Soc. Chin. 12/9, Zool. Ser., 290–291.

Delacour u. Jabouille 1931 — Ois. Indochine Franç. Paris. 3, 181.

Dove u. Goodhart 1955 — Ibis 97, 320.

Elsukow 1982 — Rastit., shiw. mir Sichote-Alinsk. zapow. Moskwa. 212.

Emeljanow 1929 — Zap. Wladiwost. otd. Russ. geogr. ob. 4 (26), 274.

Fedotow u. Brunow 1977 — Tez. 7 Wsesojuz. orn. konf. Kiew 1, 108.

Gizenko 1955 — Pticy Sachalinsk. obl. Moskwa. 272.

Gorbanew 1979 — Biol. ptic. juga Daln. Wost. SSSR. Wladiwostok. 92–93.

Gore u. Won 1971 — Birds Korea. Seoul-Tokyo. 345.

Gyldenstolpe 1916 — Svensk. Vet.-Akad. Handb. 56/2, 46.

Hartert 1910 — Novit. Zool. 17, 240.

Iwanow 1952 — Trudy Zool. inst. Akad. Nauk SSSR 9, 1091.

Jabouille 1935 — L'Ois. 1–2, 46.

Jahn 1942 — J. Orn. 90, 146–148.

Kistjakowskij u. Smorgorshewskij 1964 — Nautschn. dokl. Wys. schkoly. Biol. nauki 3, 28.

Kistjakowskij u. Smorgorshewskij 1973 — Wopr. geogr. Daln. Wost. 11, 214.

Korotkich, Kuzjakin u. Sutschelenkowa 1963 — Utsch. zap. Moskowsk. obl. ped. inst. 126/6 (zool.), 67–75.

Labzjuk, Nazarow u. Netschajew 1971 — Trudy Biol.-potschw. inst. Daln. Wost. Nautsch. Centr. Akad. Nauk SSSR, n. s., 6., 70.

La Touche 1892 — Ibis (6), 4, 415.

La Touche 1920 — Ibis (11) 2, 653.

La Touche 1923 — Ibis (11) 5, 404.

Litwinenko u. Schibajew 1971 — Trudy zapow. „Kedrowaja padj" 2, 178.

Meise 1934 — Abh. Ber. Mus. Tierk. Völkerk. Dresden 18/2, 37.

Meyer de Schauensee 1934 — Proc. Acad. Nat. Sci. Philadelphia 86, 230.

Zug- und Überwinterungsdaten: SE Burma: Pegu, Karen Hills, Tenasserim, Winter (SMYTHIES 1953); — Malayische Halbinsel: bei Chong (ROBINSON u. KLOSS 1911, WELLS 1974); — Annam (Huê), Cambodscha: Angkor, Siem reap (DELACOUR u. JABOUILLE 1931); — Hainan 16. 10., selten (HARTERT 1910, JABOUILLE 1935); — Siam (= Thailand): Nong Khor 25. 9., Kao Sabap 1. 11., Mergui Arch. 30. 12. (RILEY 1938); Den Chai 8. 2. (GYLDENSTOLPE 1916), Pakchan 11. 3., Hat Sanuk 18. 4. (ROBINSON u. KLOSS 1924); Chieng mai 27. 2. (MEYER DE SCHAUENSEE 1934); — E Great Nicobar-Insel: 1 Exempl. 1. 4. (RICHMOND 1902); — Chinkiang (letzte Hälfte Mai) und Yangtze-Unterlauf häufiger Zügler im späten Frühjahr (CHONG 1938, Coll. Mus. Tierk. Dresden); — Chili: Chingwangtao selten, 7. u. 29. 9. (LA TOUCHE 1920); — Foochow und Swatow 4., selten (LA TOUCHE 1892); — SE-Yunnan: Mengtsz 9., 12. 10. (LA TOUCHE 1923); — SE-China: Kwang Tung 4., Anfang 5., 9. (VAUGHAN u. JONES 1913). — Hong Kong, Mong Tsen-Halbinsel, 4., 11. 10. (DOVE u. GOODHART 1955); — Korea: Hamgyong Punkto, Pyongan, Kang won Do, Cholla Namdo. Vielleicht auch Sommervogel in den nördlichen Hochländern, da noch am 3. 6. 1929 in Pyongan Pukto festgestellt (YAMASHINA 1932, MEISE 1934, AUSTIN 1948, GORE u. WON 1971).

XIV

1987

Phylloscopus coronatus (Temminck u. Schlegel)

bearbeitet von

I. A. NEUFELDT und E. v. VIETINGHOFF-SCHEEL

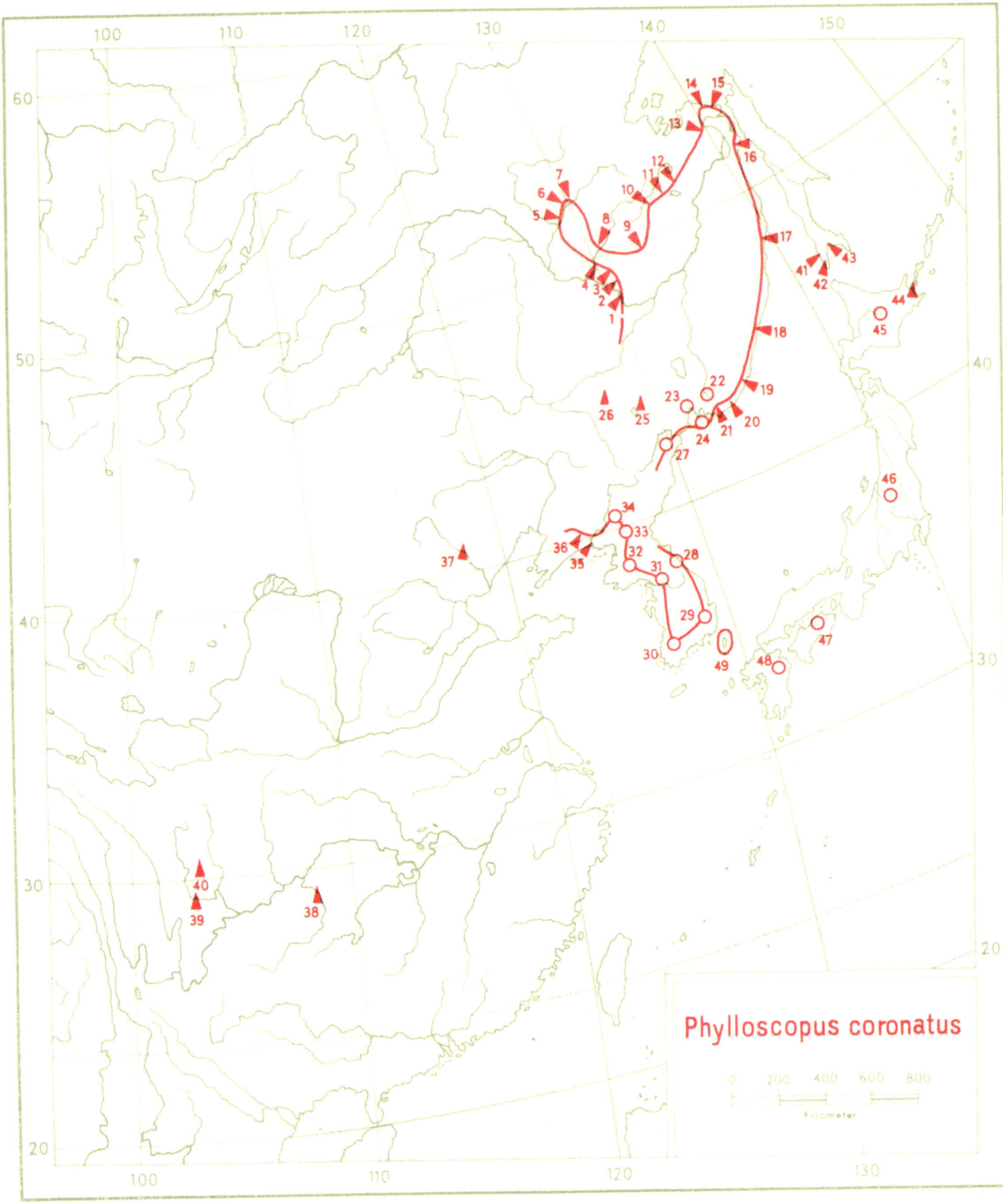

Phylloscopus coronatus
0 200 400 600 800
Kilometer

STEGMANN (1931), der 1928 im Amur-Gebiet beobachtete, schrieb: „Ich fand ihn im Kleinen Chingan (= Bureja-Gebirge; I. A. NEUFELDT). Weiter oberhalb am Amur kommt dieser Vogel nirgends vor." Auch NEUFELDT (unveröffentl.) konnte während jahrelanger Beobachtungen im Amur-Zeja-Gebiet *Phylloscopus coronatus* nicht entdecken. „Bei Tschita fehlt sie entschieden und auch am Tarei-nor ist sie auf dem Durchzuge nicht gefunden worden" (STEGMANN 1929). Keiner der später Südost-Transbaikalien besuchenden Ornithologen hat diesen Laubsänger dort sowie in den angrenzenden Gebieten der Mongolei und China gefunden. Ungeachtet dessen verläuft die Grenze in sämtlichen ornithologischen Werken (u. a. auch IWANOW 1976, STEPANJAN 1978) am Fluß Argunj, offenbar resultierend aus einem Satz im Tagebuch GODLEWSKIS „... nous l'avons trouvé aussi dans la Daourie méridionale aux environs du fleuve Argoun" (TACZANOWSKI 1891).

Wahrscheinlich entstand hieraus auch der Fehler in der Artdefinition dieser Laubsänger, und unter dem Namen *Ph. coronatus* tritt, wie es mit dem Material von DYBOWSKI und GODLEWSKI von Darazun geschah (s. PLESKE 1899) und mit Exemplaren aus Radde (RADDE 1863) vom oberen Argunj bei Kajlastuj, *Ph. trochiloides plumbeitarsus* auf. In diesem Fall rechnete selbst TACZANOWSKI (1877) in seinen früheren Publikationen die Vögel aus Daurien gerade zur letzteren Art, zu *Ph. coronatus* aber nur Exemplare, die DYBOWSKI von der Ussuri-Mündung und aus der Abrek-Bucht geschickt hatte.

Oekologie

Nach WEIGOLDS Erkenntnissen ist der Kronenlaubsänger ein „gemeiner Brutvogel in der untersten subtropischen Regenwaldzone von 600—1500 (in dem dann zu trockenen Mintal) oder 2000 m am Waschanhang ..." (STRESEMANN 1923). — Auf den japanischen Inseln, wo *coronatus* als häufigster Laubsänger bekannt ist, bewohnt er die lichten Wälder der niederen bis mittleren Höhenlagen und bevorzugt die mit sekundärem Laubwaldgestrüpp aus *Quercus*, *Castanea* usw. bestandenen Talhänge, ist jedoch auch in Dunkelwäldern mit geringer Bodenvegetation Süd-Shikokus anzutreffen. Am Fuji und in den Japanischen Alpen steigt er nicht höher als 1200 m und fehlt in der subalpinen *Abies-Tsuga*-Zone gänzlich (JAHN 1942).

Im Primorje und auf der Insel Kunaschir besiedeln die Kronenlaubsänger alle Wälder der unteren und mittleren Bergzone bis etwa 500—600 m, Laubwälder und Mischwälder, ausgenommen Galeriewälder der weiten Flußtäler (BELOPOLSKIJ 1950, IWANOW 1952, NETSCHAJEW 1969, LITWINENKO u. SCHIBAJEW 1971, NAZARENKO 1971, PANOW 1973, ELSUKOW 1982). Im Amurland, an der Nordgrenze der Verbreitung, wurde *coronatus* in Mischwäldern am Unterlauf des Bitschi gefunden (SMIRENSKIJ u. MISTSCHENKO 1980), in Espen-Lärchen-Strauchrhododendron-Wäldern südlich vom Eworon-See und in Birken-Nadelwäldern am oberen Argunj (FEDOTOW u. BRUNOW 1977). Im äußersten Südwesten Sachalins bewohnt er die hellen Nadel-Laubwälder entlang der Flußtäler mit Lichtungen (NETSCHAJEW brfl. 1983). Die Brutperiode beginnt allgemein etwa in der zweiten Maihälfte. Ein sehr frühes Nest bei Kwan mit sechs Eiern datiert vom 27. 4. (STRESEMANN 1923). Am 17. 5. Nestmaterial sammelnde Vögel im Süden der Insel Kunaschir (NETSCHAJEW 1969); am 19. 5. im Schutzgebiet „Kedrowaja padj" ein Laubsänger, der Moos ins Nest trug (PANOW 1973), während in der Umgebung von Kiewka am 23. 5. der Nestbau beendet wurde (LITWINENKO u. SCHIBAJEW 1971). Ein Weibchen mit großem Brutfleck wurde im Suputinskij (= Ussurijskij) -Schutzgebiet am 16. 6. (IWANOW 1952) und am 12. 6. ein Nest mit Gelege bei Swobodnoe (Sudzuchinskij-Lazowskij-Schutzgebiet) gefunden (LITWINENKO u. SCHIBAJEW 1971); im Schutzgebiet „Kedrowaja padj" am 16. und 18. 6. Nester mit 2—4 Tage alten Jungen, am 20. 6. ein Nest mit frisch geschlüpften Jungen (PANOW 1973); die ersten flüggen in „Kedrowaja padj" am 27. 6. (PANOW 1973), sowie auch Ende Juni auf den Inseln in der Peter-der-Große-Bucht (LABZJUK et al. 1971). — Japan: 28. 5. Blätter tragender Vogel, Nest in einer *Kryptomeria*-Allee; 1 Ei am 2. 6. (INGRAM 1908).

Das Nest liegt auf der Erde zwischen Gras, Sträuchern, unter einem Rasendach oder frei und zeigt die für Laubsänger typische Form mit seitlichem Eingang. Die Außenwand besteht aus trockenem Gras, Bastfasern, trockenen Blättern und ist innen mit etwas Wolle oder Moos ausgelegt (LITWINENKO u. SCHIBAJEW 1971, PANOW 1973). Die Eier sind reinweiß. Bekannt ist ein Nest, in dem sich neben 6 Eiern von *Ph. coronatus* ein weißes Ei mit weinroten Flecken von *Cuculus saturatus* Blyth befand (LITWINENKO u. SCHIBAJEW 1971). Aus dem Ljantschicho-Tal (Primorje) beschreiben KIZLENKO u. NAUMOW (1967) ein reinweißes Ei von *C. saturatus* in einem Laubsängernest.

Als insektenfressende Vögel sammeln sie ihre Nahrung auf Blättern und Zweigen von Bäumen und Sträuchern. Es überwiegen im Futter Raupen von Schmetterlingen (bis 70—80% des Mageninhalts), kleine Spinnen, Zikaden (*Chemidanomia amurensis*), Insekteneier, kleine Käfer, Hymenopteren (Blattwespen und Schlupfwespen), Asseln (Onistoidea) usw. (NETSCHAJEW u. NAZAROW 1967, NETSCHAJEW 1969). — Als Feind ermittelten NEUFELDT u. SCHIBAJEW (1968) *Butastur indicus* (Gmelin), der in einigen Fällen grade flügge Junge erbeutete.

Wanderungen

Zugvogel. Angaben zum Zug: Pegu (SMYTHIES 1953); — Yünnan: Mengtsz am 12., 23. 8. (UCHIDA u. KURODA 1916); — Hsifan-Bergland; 10., 17. 8. (SCHÄFER u. MEYER DE SCHAUENSEE 1939); — Szechwan: Noch am 12. 9. im Gebiet, gegen 9. 4. Rückkehr dorthin (STRESEMANN 1923); — Hongkong: Fanling im März und Oktober (DOVE u. GOODHART 1955); — Fohkien: Selten bei Foochow, einmal bei Swatow am 30. 3. (LA TOUCHE 1892), im April bei Kuatun (LA TOUCHE 1899);

LABZJUK, NAZAROW u. NETSCHAJEW 1971 — Trudy Biol.-potschw. inst. DWNC Akad. Nauk SSSR, n. s. 6, 70.
LA TOUCHE 1892 — Ibis (6) 4, 415.
LA TOUCHE 1899 — Ibis (7), 5 204.
LA TOUCHE 1906 — Ibis (8) 6, 447.
LA TOUCHE 1920 — Ibis (11) 2, 653.
LITWINENKO u. SCHIBAJEW 1971 — Trudy zapow. „Kedrowaja padj" 2, 178–179.
MACFARLANE 1963 — Ibis 105, 324.
MEINERTZHAGEN 1927 — Ibis (12) 3, 420.
MEISE 1934 — Abh. Ber. Mus. Tierk. Völkerk. Dresden 18/2, 37.
MOMIYAMA 1927 — Ann. Orn. Orient 1/1, 117.
NAZARENKO 1971 — Trudy Biol.-potschw. inst. DWNC Akad. Nauk SSSR, n. s., 6, 40.
NETSCHAJEW 1969 — Pticy Jushn. Kurilsk. Ostr. Leningrad. 167–168.
NETSCHAJEW 1974 — Mat. 6 Wsesojuz. orn. konf. Moskwa. 1, 224.
NETSCHAEW u. NAZAROW 1967 — Ekol. mlekopit. i ptic. Moskwa. 318.
NEUFELDT u. SCHIBAJEW 1968 — Ornitologija 9, 368.
OGILVIE-GRANT u. LA TOUCHE 1907 — Ibis (9) 1, 171.
PANOW 1973 — Pticy Jushn. Primorjja. Nowosibirsk. 216–218.
PLESKE 1889 — Ornithographia Rossica. St.-Petersb. 2/2, 192–195.
RADDE 1863 — Reisen im Süden Ost-Sibirien... St. Petersb. 16; 263–264.
ROBINSON u. KLOSS 1911 — Ibis (9) 5, 66.
SCHÄFER u. MEYER DE SCHAUENSEE 1939 — Proc. Acad. Nat. Sci. Philadelphia 40, 233.
SCHTILMARK 1973 — Wopr. geogr. Daln. Wost. 11, 54.
SEEBOHM 1892 — Ibis (6) 4, 10.
SMIRENSKIJ 1974 — Mat. 6 Wsesojuz. Orn. konf. Moskwa. 1, 232–233.
SMIRENSKIJ u. MISTSCHENKO 1980 — Ornitologija 15, 205.
SMOGORSHEWSKIJ 1960 — Nautschn. dokl. wys. schkoly. Biol. nauki. 2, 29.
SMYTHIES 1953 — Birds Burma. Edinburgh. 201.
SPANGENBERG 1965 — Sborn. trud. Zool. Mus. Moskow. Uniw. 9, 185–186.
STEGMANN 1929 — Ann. Mus. Zool. Leningrad 29, 225.
STEGMANN 1931 — J. Orn. 79, 193.
STEPANJAN 1978 — Sostaw i raspred. ptic fauny SSSR. Moskwa. 161.
STRESEMANN 1923 — Abh. Ber. Mus. Tierk. Völkerk. Dresden 16/2, 13.
STYAN 1891 — Ibis (6) 3, 339.
TACZANOWSKI 1877 — Krit. obzor orn. fauni Wost. Sibir. Warschawa. 25–26.
TACZANOWSKI 1891 — Faune Orn. Sibir. Orient. St.-Petersb. 1, 262–264.
TRAYLOR 1967 — Fieldiana: Zool. 53/1, 37.
UCHIDA u. KURODA 1916 — Ann. Zool. Japan 9, 139–140.
WEIGOLD 1935 — J. Orn. 83 (SH), 88.
WELLS 1974 — Malay. Nat. J. 27, 46.
WINTER 1979 — Migr. i ekol. ptic. Sibiri (tez. dokl.). Jakutsk. 75.
WOROBJOW 1954 — Pticy Ussur. kraja. Moskwa. 221–222.
YAMASHINA 1932 — Tori 7, 233.

Briefliche Auskunft erteilte: W. A. NETSCHAEW (Süd-Sachalin).

Phylloscopus coronatus (Temminck u. Schlegel)

Kronenlaubsänger

Verwandtschaft

Monotypische Art, die zwischen *Phylloscopus occipitalis* (Blyth) und *Phylloscopus ijimae* (Stejneger) einzuordnen ist.

Zur Verbreitung

Das Areal scheint noch nicht endgültig fixiert zu sein und bedarf daher noch weiterer Beobachtung. Während die vom Hauptverbreitungsgebiet weit entfernt liegenden Funde WEIGOLDS (STRESEMANN 1923) am Waschan und bei Kwan (P. 39, 40) noch von TICEHURST (1938) in Frage gestellt wurden, überraschte TRAYLOR (1967) nunmehr mit Nachweisen (Juni, Juli, 1 juv.) zur Brutzeit östlich Chungkings (P. 38). Die weitere Erforschung dieser Populationsinsel wäre daher für uns von größtem Interesse. Andere isolierte Vorkommen liegen in der Südost-Mandschurei (P. 26; Jugendmauser; MEISE 1934) und bei Peking (WEIGOLD 1935). — Über Korea (Erster Brutnachweis: Nest vom 23. 5. 1970 in der Kwangnung Experimental Forest Station, Kyonggi-do; GORE u. WON 1971), die Quelpart-Insel, Kyushu, Shikoku, Hondo und Hokkaido erreicht das Areal auf sowjetischem Gebiet den südlichen Teil der Insel Kunaschir, anscheinend die gesamte Halbinsel Krilon (SW-Sachalin), das gesamte Primorje einschließlich die mit Wald bedeckten Inseln in der Bucht Peter der Große, sowie das untere und mittlere Amurland. Westlich des Bureja-Gebirges weicht das Brutgebiet vom Amur-Tal nach Norden aus und erlangt am Unterlauf der Selemdsha die Breite wie an der Amur-Mündung.

FUNDORTLISTE

Nr.	Fundort		Quelle
1.	Fluß Ditschun (= Datschun)	A	Stegmann 1931
2.	Radde	A	Stegmann 1931
3.	Chingan-Naturschutzgebiet S Kundur	ABac	Smirenskij 1974
4.	Sewernoe (Bureja-Unterlauf)	As	Winter 1979
5.	Shelunda (50°05′N)	B	Kistjakowskij u. Smogorshewskij 1964
6.	Selemdsha Mündung	B	Smogorshewskij 1966
7.	Noworossijka (52°08′N)	B	Smogorshewskij 1966
8.	Ustj-Norsk (52°23′N)	B	Smogorshewskij 1966
9.	Fluß Urmi (von der Siedlung Talakan bis zur Laka -Mündung)	A	Kalinnitschenko 1961
10.	Amgunj-Oberlauf gegenüber der Badshan-Mündung	A	Fedotow u. Brunow 1977
11.	Fluß Gorin	Ac	Worobjow 1954
12.	Umgebung des Eworon-Sees	Ac	Worobjow 1954, Fedotow u. Brunow 1977
13.	Bitschi-Mündung	As	Smirenskij u. Mistschenko 1980
14.	Mago	ABc	Kistjakowski u. Smogorshewskij 1973
15.	Nikolajewsk-na-Amure	ABc	Kuzjakin u. Wtorow 1963
16.	Umgebung des Kizi-Sees	As	Worobjow 1954
17.	Bottschi-Mündung	As	Emeljanow 1929
18.	Sichote-Alin-Schutzgebiet (Termej)	ABc	Elsukow 1982
19.	Fluß Pehusun (= Margaritowka)	A	Coll. Zool. Inst. Leningrad
20.	Sudzuchinskij (= Lazowskij)-Schutzgebiet	ABJc	Belopolskij 1950
—	Swobodnoe	N	Litwinenko u. Schibajew 1971
—	Kiewka	N	Litwinenko u. Schibajew 1971
21.	Suttschan	A	Coll. Zool. Inst. Leningrad
22.	Fluß Pejschula (= Suworowka), Majche-Becken (= Artenowka)	BJc	Neufeldt (unveröffentl.)
—	Suputinskij (= Ussurijskij)-Schutzgebiet	ABNc	Iwanow 1952
23.	Schutzgebiet „Kedrowaja padj"	Bc	Nazarenko 1971
		BNc	Panow 19873
24.	Inseln in der Bucht Peter der Große: Popowa, Rikorda, Klykowa, Matweewa, Bolschoj Pelis, Stenina, De-Liworona usw.	N	Labzjuk et al. 1971
25.	Echo (11. V., 20. VIII., 26., 28. IX.)		Meise 1934
26.	Maoerschan	J	Meise 1934
27.	Hamgyong Pukto	Ac	Austin 1948
28.	Kangwon Do	Ac	Austin 1948
—	Ingé	A	Macfarlane 1963
29.	Kyongsang Namdo	Ac	Austin 1948
30.	Cholla Namdo	Ac	Austin 1948
31.	Kyongi Do	Ac	Austin 1948
		N	Gore u. Won 1971
—	Seoul	A	Macfarlane 1963
32.	Hwanghae Do	Ac	Austin 1948
33.	Pyongan Namdo	Ac	Austin 1948
34.	Pyongan Pukto	Ac	Austin 1948
35.	Riuganpo (16.–28. IV.)		Yamashina 1932
36.	Hô-ô-zan (bei Feng-huangshan ? – 19. V.)		Kuroda 1930
37.	Umgebung Kaisergräber (Peking)	A	Weigold 1935
—	Bannwald (V./VI.)		Weigold 1935
38.	Kao Ku	A	Traylor 1967
—	Pien Ngai Shan	J	Traylor 1967
39.	Waschan	Bc	Stresemann 1923
40.	Kwan	BcN	Stresemann 1923
41.	Kuznecowka-Tal	ABJ	Netschajew (brfl. 1983)
42.	Schebuninka-Tal	A	Netschajew 1974
43.	Taranaj-Tal	A	Netschajew (brfl. 1983)
44.	Mendeleewo	ABJc	Netschajew 1969
45.	Hokkaido	AcN	Jahn 1942
46.	Hondo	AcN	Jahn 1942
47.	Shikoku	AcN	Jahn 1942
48.	Kyushu	AcN	Jahn 1942
49.	Tsushima	A	Kuroda 1922

LITERATUR

Austin 1948 — Bull. Mus. Comp. Zool. Harvard 101/1, 9–16.

Belopolskij 1950 — Sborn. pam. Suschkina. Moskwa-Leningrad. 386–387.

Dove u. Goodhart 1955 — Ibis 97, 320.

Elsukow 1982 — Rastitel. i shiw. mir Sichote-Alin. zap. Moskwa. 212.

Emeljanow 1929 — Zap. Wladiwost. otd. Russ. geogr. ob. 4 275.

Fedotow u. Brunow 1977 — Tez. 7 Wsesojuzn. orn. Konf. Kiew. 1, 107–108.

Gore u. Won 1971 — Birds Korea. Seoul-Tokyo. 347.

Ingram 1908 — Ibis (9) 2, 142–143.

Iwanow 1952 — Trudy Zool. inst. Akad. Nauk SSSR 9, 1091.

Iwanow 1976 — Katalog ptic SSSR. Leningrad. 193.

Jahn 1942 — J. Orn. 90, 144–146.

Jones 1911 — Ibis (9) 5, 663.

Kalinnitschenko 1961 — Mat. 2 nautschn. konf. molod. spezial. Wladiwostok. 1, 40.

Kislenko u. Naumow 1967 — Ornitologija 8, 95.

Kistjakowskij u. Smogorshewskij 1964 — Nautschn. dokl. wys. schkoly. Biol. nauki 3, 28.

Kistjakowskij u. Smogorshewskij 1973 — Wopr. geogr. Daln. Wost. 11, 214.

Kloss 1918 — Ibis (10) 6, 212.

Kuroda 1922 — Ibis (11) 4, 96.

Kuroda 1930 — Tori 6/30, 142.

Kuzjakin u. Wtorow 1963 — Ornitologija 6, 190.

— Wei Hai Wei, N Tsingtau, im September (JONES 1911); — NE Chihli: Chingwangtao 16. 5.; seltener Durchzügler; bei Newchwang häufig im Mai und Ende August (LA TOUCHE 1920); — Chinkiang: Erscheint gegen 30. 4., außergewöhnlich häufig im Mai (LA TOUCHE 1906); — Unteres Yangtze-Becken; Nicht selten auf dem Durchzug bei Kiukiang im April, Rückflug dort im August und September (STYAN 1891); — Jehol: Bei Bago am 25. 5. deutlicher Zug (WEIGOLD 1935); — Mandschurei: Chailar am 27. 8. (MEISE 1934); — Quelpart-Insel: 13., 19. 4. Umen, 21. 4. Seikiho und Samen, 24.—28. 4. allgemein (MOMIYAMA 1927). — Wird auch für Korea als Durchzügler in großer Anzahl angegeben (GORE u. WON 1971). Überwinterungsgebiet: Siam: Lat Bua Kao, Koh Lak im September und November (KLOSS 1918); — Formosa (OGILVIE-GRANT u. LA TOUCHE 1907; — nördliche Malayen-Halbinsel (ROBINSON u. KLOSS 1911). Fraser's Hills 25. 9.—3. 11. (WELLS 1974); — Tenasserim (SMYTHIES 1953); — Sikkim: Rangpo 26. 12., Gangtok 15. 12. (MEINERTZHAGEN 1927).

Ein verflogenes Exemplar wurde im Oktober 1842 auf Helgoland erlegt (SEEBOHM 1892).

Im Frühling treffen die ersten Rückziehenden auf den Inseln in der Peter-der-Große-Bucht Ende April ein; der Zug dauert dort bis Mitte Mai an (LABZJUK et al. 1971). Im Naturschutzgebiet ,,Kedrowaja padj" registrierte PANOW (1973) die ersten am 26. 4. 1960, 21. 4. 1961, 24. 4. 1962; der Zug dauerte die 1. Dekade Mai an. Im Lazowskij-Schutzgebiet erscheinen sie vom 8.—10. 5. (BELOPOLSKIJ 1950, LITWINENKO u. SCHIBAJEW 1971); am Iman (= Bolschaja Ussurka)-Unterlauf am 6. 5. (SPANGENBERG 1965); am unteren Amur bei Piwan am 12. 5. (SCHTILMARK 1973); im Süden von Kunaschir am 14. 5. (NETSCHAJEW 1969). Im Herbst verließen die letzten das Schutzgebiet ,,Kedrowaja padj" 1959—61 vom 3.—6. 9., das Lazowskij-Schutzgebiet am 15. 9. (BELOPOLSKIJ 1950). Auf den Inseln in der Peter-der-Große-Bucht dauert der Herbstzug gewöhnlich auch bis Mitte September (LABZJUK et al. 1971).

XIV

1987

Phylloscopus maculipennis (Blyth)

bearbeitet von

E. v. VIETINGHOFF-SCHEEL

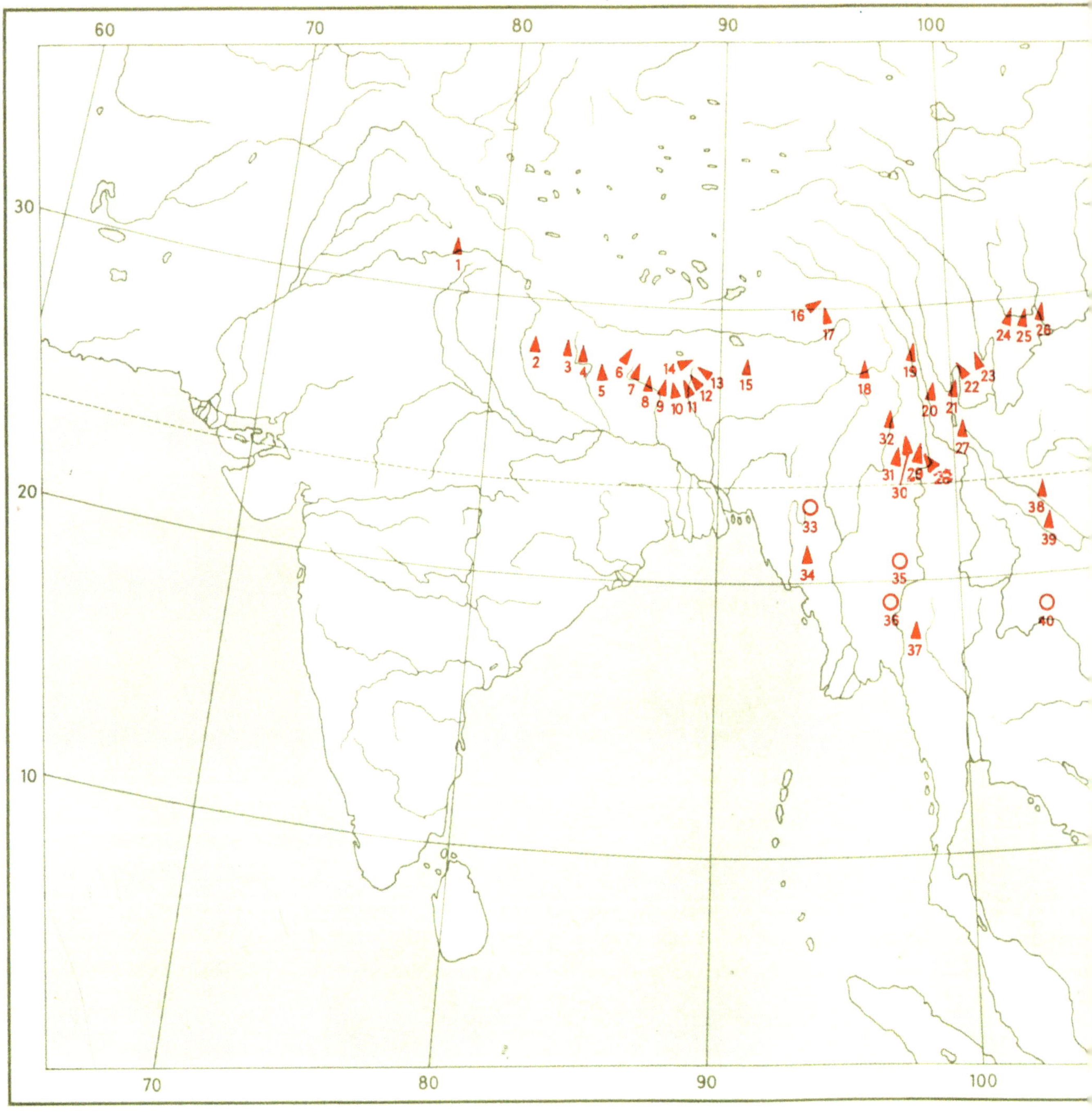
60
70
80
90
100
30
20
10
70
80
90
100
1
2
3
4
5
6
7
8
9
10
11
12
13
14
15
16
17
18
19
20
21
22
23
24
25
26
27
28
29
30
31
32
33
34
35
36
37
38
39
40

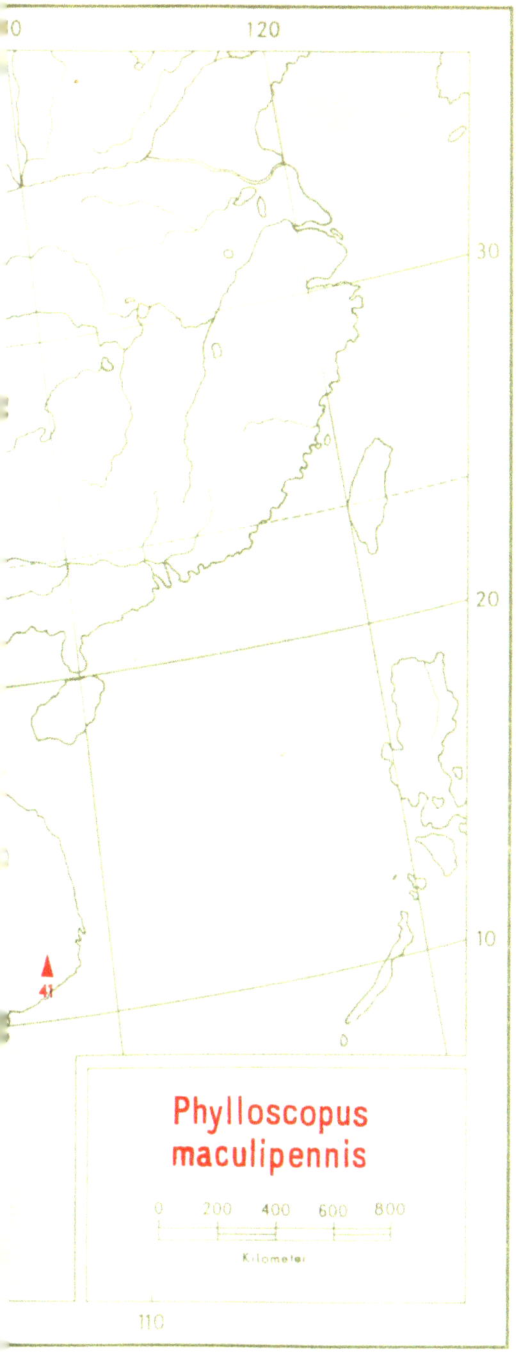

FUNDORTLISTE

1. Banjor (Saraj, Punjab; 15. XI.)		WHISTLER 1926, TICEHURST 1926
2. Sahajpur (1. XII.)		RAND u. FLEMING 1957
3. Dhorpatan	A	MARTENS (brfl. 1983)
4. Paß Gorapani	J	MARTENS (brfl. 1983)
5. Godaveri (I.) (31. X.)		RAND u. FLEMING 1957 DIESSELHORST 1968
6. zw. Langtang u. Syarpagaon (Mitte VIII. — Mitte IX.)	A	POLUNIN 1954/55
7. Paß Ting Sang La	A	MARTENS 1980
	N	DIESSELHORST 1968
— Chordung	A	MARTENS (brfl. 1983)
— Thodung	A	MARTENS 1980
— Harkhate Gairi	A	DIESSELHORST 1968
8. Patale (XII.)		RAND u. FLEMING 1957
9. Mangabaré (II.)		RIPLEY 1950 a
10. Rekeha (Dailekh Distr.)		RIPLEY 1950 b
11. Darjeeling (I., II.)		Coll. Zool. Mus. Berlin; STEVENS 1924
12. Gopaldhara (27. II., XII., I.)	e	STEVENS 1924
13. Gangtok (17. XII.)		MEINERTZHAGEN 1927
14. Lachen, Thangu	B	ALI 1962
— Lachung (Anf. III.)		STEVENS 1924
— Singhik (23. II.)		STEVENS 1924
15. Tobrang (29. VIII. — 2. IX.)	Ae	LUDLOW u. KINNEAR 1937
16. Yigrong Tso (14. II.)		LUDLOW 1951
— Gyadzong (19. I.)		LUDLOW 1951
17. Trulung (10. I.)		LUDLOW 1951
18. Dening (Mishmi Hills; Ende XII.)		ALI u. RIPLEY 1948
19. Mekong-Salwin-Wasserscheide (28° N)	As	ROTHSCHILD 1923
20. Tao-mung-chung (SW Lutien)	As	GREENWAY 1933
21. Mt. Satseto (II.)	s	GREENWAY 1933
22. Berg Shwe-men-kan (Haba-ndsher-nyulu Snow range; I.)	s	GREENWAY 1933
23. Muli (2. IV.)	s	BANGS 1932
24. Waschan (30. III.)	1 Expl.	STRESEMANN 1923
25. Omeischan-Vorberge (16. III.)	s	STRESEMANN 1923
26. Kiating		THAYER u. BANGS 1912
27. Gyi-dzin-Shan (E Talifu; 14. III.; 21. IV.)		INGRAM 1912
28. Shweli-Salwin-Wasserscheide (25°N/98^{28}E; XI.)		ROTHSCHILD 1921
29. Tengyueh District		ROTHSCHILD 1921
30. Kambaiti	A	STANFORD u. TICEHURST 1935
31. Pajao (VIII., XII.)	A	STANFORD u. TICEHURST 1938
32. Punlumbum (18., 19. III.)	A	STANFORD u. TICEHURST 1935
33. Chin Hills	Ae	SMYTHIES 1953
34. Mt. Victoria	AJ	STRESEMANN u. HEINRICH 1940
35. Shan-Staaten (?)		SMYTHIES 1953
36. Karenni	Ae	SMYTHIES 1953
37. Doi Ang Ka (22., 30. III.)	BJ	DEIGNAN 1946, 1963 GREENWAY 1940
38. Mengtsz (4., 6. III.)		LA TOUCHE 1923
39. Fansipan		DELACOUR 1930
— Chapa		DELACOUR 1930
40. Tranninh: Phu-Bia	B ?	DELACOUR 1951
41. Langbian		DELACOUR u. JABOUILLE 1940

LITERATUR

Ali 1962 — Birds Sikkim. London. 227.
Ali u. Ripley 1948 — J. Bombay Nat. Hist. Soc. 48, 80.
Bangs 1932 — Field Mus. Nat. Hist. 314, Zool. Ser., 18/11, 363.
Deignan 1936 — J. Siam Soc., Nat. Hist. Suppl. 10/2, 117.
Deignan 1946 — Notulae Nat. Acad. Nat. Sci. Philad. 173, 12.
Deignan 1963 — Checklist Birds Thailand. Washington. 173.
Delacour 1930 — Ibis (12) 6, 583.
Delacour 1951 — L'Ois. 21, 83.
Delacour u. Jabouille 1940 — L'Ois. 10, 166.
Diesselhorst 1968 — Khumbu Himal. Innsbruck-München. 277.
Greenway 1933 — Bull. Mus. Comp. Zool. Harvard 74/5, 145.
Greenway 1940 — Bull. Mus. Comp. Zool. Harvard 87/3, 189.
Ingram 1912 — Novit. Zool. 19, 298.
La Touche 1923 — Ibis (11) 5, 402–403.
Ludlow 1944 — Ibis 86, 200.
Ludlow 1951 — Ibis 93, 563.
Ludlow u. Kinnear 1937 — Ibis (14) 1, 287.
Martens 1980 — Fortschr. Verhaltensf. (Beih. Zschr. Tierpsychol.) 22, 47.
Meinertzhagen 1927 — Ibis (12) 3, 420.
Polunin 1954/55 — J. Bombay Nat. Hist. Soc. 52, 892.
Rand u. Fleming 1957 — Fieldiana: Zool. 41/1, 166–167.
Ripley 1950a — J. Bombay Nat. Hist. Soc. 49, 401.
Ripley 1950b — Proc. Biol. Soc. Washington 63, 106.
Rothschild 1921 — Novit. Zool. 28, 45.
Rothschild 1923 — Novit. Zool. 30, 47.
Smythies 1953 — Birds Burma. Edinburgh-London. 200.
Stanford u. Mayr 1941 — Ibis (14) 5, 239–240.
Stanford u. Ticehurst 1935 — Ibis (13) 5, 260.
Stanford u. Ticehurst 1938 — Ibis (14) 2, 422.
Stevens 1924 — J. Bombay Nat. Hist. Soc. 29, 1020.
Stresemann 1923 — Abh. Ber. Mus. Tierk. Völkerk. Dresden 16/2, 14.
Stresemann u. Heinrich 1940 — Mitt. Zool. Mus. Berlin 24, 193.
Thayer u. Bangs 1912 — Mem. Mus. Comp. Zool. Harvard 40, 180.
Ticehurst 1926 — Bull. Brit. Orn. Cl. 46, 61.
Ticehurst 1938 — Genus *Phylloscopus*. London. 120–123.
Whistler 1926 — J. Bombay Nat. Hist. Soc. 31, 470.

Briefliche Auskunft erteilte: J. Martens (Nepal).

Phylloscopus maculipennis (Blyth)

Graukehllaubsänger

Verwandtschaft

Nach Ticehursts (1938) eingehenden Untersuchungen ist *Phylloscopus maculipennis* (Blyth) zwischen *Ph. proregulus* (Pallas) und *Ph. borealis* (Blasius) einzuordnen.

Gliederung und Verwandtschaft

Es existieren zwei Unterarten, die unserer Meinung nach hinsichtlich Verbreitung und Ökologie noch nicht erschöpfend erforscht sind. Anhand der wenigen vorliegenden Fakten ist es schwer möglich, wie so oft bei ostasiatischen Arten, eine anschauliche Information über das Leben dieses Vogels zu bieten. *Phylloscopus maculipennis maculipennis* (Blyth) läßt im Westen seiner Verbreitung, in Nepal, Sikkim, Bhutan und dem Assam-Himalaya, ein weit dichteres Auftreten erkennen als im östlichen Arealteil, wo verstreute Vorkommen zu vermerken sind: Südost-Sikang bis Südwest- und West-Szechuan, das nördliche Yünnan und Nordost-Burma, die Chin Hills, Nord-Tonkin, Süd-Annam. Nahezu unbekannt scheint die Ausbreitung des *Phylloscopus maculipennis virens* Ticehurst, der westlichen Unterart, zu sein. Es werden Vorkommen im westlichen Himalaya von Kumaon bis Rawalpindi und vielleicht auch in Kashmir vermutet. Der westlichste von uns ermittelte Fundort ist Banjar (Saraj, Punjab) vom 15. 11. (= P.1. der Karte) und von Whistler (1926) veröffentlicht.

Oekologie

Aus Mangel an charakterisierenden Ausführungen zur Oekologie des Graukehllaubsängers zitieren wir auszugsweise die Schilderungen zu diesem Kapitel aus der Originalarbeit Diesselhorsts (1968) für Nepal: „Die Brutverbreitung dieses kleinen Laubsängers in Zentral- und im östlichen Nepal reicht von der Stufe des tropisch immergrünen Bergwaldes in die Region des immergrünen Höhen- und Nebelwaldes hinein. Die subalpinen Wälder des Khumbu gehören nicht mehr zu seinem Areal. — Habitat: Montanwald. Doch keine dichten Bestände. Anscheinend bevorzugt sehr lichte, parkartige aufgelockerte Waldparzellen mit viel Unterholz und niedrigem Bodenwuchs. Ich fand ihn in gelichtetem Eichen-Mischwald und *Rhododendron*-Mischwald am Ting Sang La, in Koniferen- und *Rhododendron*-Mischwald bei Thodung und in verschiedenen Laubholz-Mischbeständen bei Harkhate Gairi. Der Vogel hält sich vorzugsweise in den Baumkronen auf.

Ph. maculipennis gehört als Brutvogel zu den selteneren Arten der Gattung. — Dem ganzen Verhalten nach dürfte auch dieser Laubsänger zweifellos in der Brutzeit territorial sein. Die Brutzeit beginnt zumindest bei Teilchen der Population wohl schon im April. — Am 6. Mai beobachtete ich im Ting Sang La Gebiet ein Exemplar beim Nestbau. Der Vogel, vermutlich das ♀, verhielt sich dabei wie die europäischen Arten der Gattung. — Das Nest befand sich in einem einzelnen in sehr gelichtetem Eichenwalde stehenden Baum mit lichter Krone. Es saß trotzdem außerordentlich versteckt etwa 5 m über dem Boden in einem dicken Moosballen, der von einem Ast herunterhing.

Die kleinen Vögelchen haben im Mai schon ein ziemlich abgetragenes Gefieder. Ein ♀ im frischen Gefieder hatte am 31. Oktober die Mauser vollständig beendet.

Im März sah ich diesen Laubsänger mit pollenbestäubter Kehle häufig die großen roten Blüten der Baumrhododendren aufsuchen, aus denen sie wohl kleine Insekten aufnahmen (auch Nektar?)".

Stresemann u. Heinrich (1940), Mt. Victoria: „Von 2500 m an aufwärts bis zum Gipfel beobachtet, sowohl im Mooswald wie im Kiefernforst". Heinrich erbeutete eine Serie in 2600—2800 m, darunter 2 Junge vom 22. 5. (2500 m) und 14. 5. (2800 m). Am 14. 5. flügge Junge.

Wanderungen

Wohl hauptsächlich Standvogel; weitreichende Wanderungen sind nicht bekannt. Es werden offenbar nur Horizontalverschiebungen während der winterlichen Kaltperiode ausgeführt. Beobachtungen liegen vor aus Sikkim zwischen 330 und 2310 m (Ali 1962); Südost-Tibet, Pome 2640 m (Ludlow 1951), Yöngpu La 2640 m, Khomanagri 1320 m (Ludlow 1944); Nord-Burma: Bemerkenswerte Höhenunterschiede! Durchschnittlich bei 1650 m, mitunter wesentlich tiefer in den Maru Hills bei 660 m oder höher bei 2970 m (Stanford u. Mayr 1941); Thailand: Chiengmai 1650 m (Deignan 1936).

XIV

1987

Phylloscopus davisoni (Oates)

bearbeitet von

E. v. VIETINGHOFF-SCHEEL

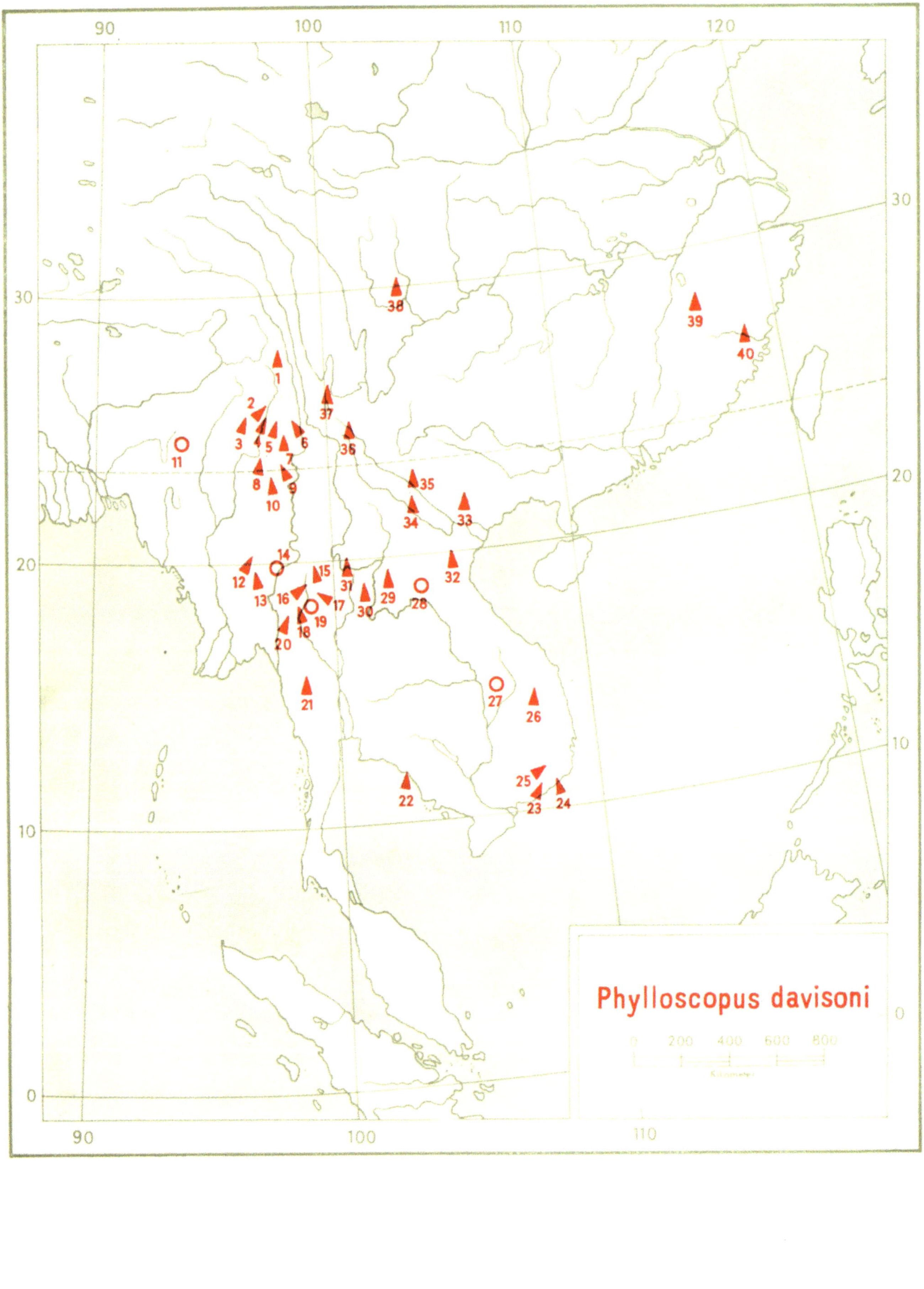

Phylloscopus davisoni

FUNDORTLISTE

Nr.	Fundort		Quelle
1.	Su-wa-tong (VIII.)	A	Greenway 1933
2.	Punlumbum	A	Stanford u. Ticehurst 1935
3.	Tawmaw		Smythies 1953
4.	Berge E Myitkyina		Stanford u. Ticehurst 1935
–	Sadon	J	Stanford u. Ticehurst 1935
5.	Htawgaw (31. III.)		Stanford u. Mayr 1941
–	Pyepat-Bergrücken	B	Stanford u. Mayr 1941
–	Laukkang (23. XI.)		Stanford u. Mayr 1941
6.	Shweli-Salwin-Wasserscheide (XII.)		Rothschild 1921
7.	Tengyueh	A	Rothschild 1925
8.	Sinkan bei Bhamo	A	Coll. Zool. Mus. Berlin
9.	Wan-tien	A	Rothschild 1926
10.	Kutkai (*davisoni* ?) (3. XII.)		Ripley 1961
11.	Manipur (?)		Oates 1894
12.	Kalaw (IV.)	Ac	Rippon 1896
13.	Byingyi Mts.	AcN	Oates 1894
14.	Südl. Shan-Staaten		Rippon 1901
15.	Doi Pha Han Pok	Bc	Deignan 1945
16.	Doi Chiang Dao		Meyer de Schauensee 1934
17.	Doi Lang ka	Bc	Deignan 1945
–	Doi Hua Mot	Bc	Deignan 1945
18.	Doi Suthep		Meyer de Schauensee 1930
19.	Chiengmai	Bc	Deignan 1936
20.	Doi Ang Ka	Bc	Deignan 1945
	= Doi In tanon	A	Dickinson 1964
21.	Mulayit Taung (Amherst District)		Oates 1889
22.	Khao Kuap (Trat Province)		Riley 1938
23.	Djiring		Delacour 1928
24.	Dalat	J	Kinnear 1929
25.	Langbian Peaks		Robinson 1919
26.	Dac-To		Kinnear 1929
27.	Bolovens		Delacour u. Jabouille 1940
28.	Tranninh		Delacour u. Greenway 1940
29.	Taloun		Delacour u. Greenway 1940
30.	Phu Kha		Deignan 1945
31.	Lo-Tiao		Delacour u. Greenway 1940
32.	Lung-Lunh		Delacour 1930
33.	Backan (= Bac Kan; s. n. *Ph. f. klossi*)		Kinnear 1929
34.	Chapa		Delacour u. Greenway 1940
35.	Mengtsze (6. IX., 21. X.)		Bangs u. Phillips 1914
–	Loukouchai (8. IV.)	c	La Touche 1923
–	Lotukow (8. V.)		La Touche 1923
36.	Yangpi-Chutung Road (III.–IV.)		Rothschild 1926
37.	Lichiang Range (X.)		Rothschild 1923
	(III.–IV.)		Rothschild 1926
38.	Tschöngtu (5. IV.)*)		Stresemann 1923
39.	Kuatun (s. n. *Ph. trochiloides*)	AcB	La Touche 1899; Coll. Zool. Mus. Berlin
–	Mt. David	N	La Touche 1899
40.	Ching Feng Ling (s. n. *Ph. trochiloides*)	Bc	La Touche 1899

*) Nicht gefunden Chui Fung San, 13. VI., Chni Chim Saw (nach Ticehurst 1938).

LITERATUR

Bangs u. Phillips 1934 — Bull. Mus. Comp. Zool. Harvard 58/6, 295.

Deignan 1936 — J. Siam Soc., Nat. Hist. Suppl. 10/2, 117.

Deignan 1945 — Birds North. Thailand. Washington. 480–481.

Delacour 1928 — Ibis (12) 4, 304.

Delacour 1930 — Ibis (12) 6, 583.

Delacour u. Greenway 1940 — L'Ois. 1–2; 44, 62, 72.

Delacour u. Jabouille 1940 — Nat. Hist. Bull. Siam. Soc. 20/4, 291.

Greenway 1933 — Bull. Mus. Comp. Zool. Harvard 74/5, 145.

Kinnear 1929 — Ibis (12) 5, 318.

La Touche 1899 — Ibis (7) 5, 204–206.

La Touche 1923 — Ibis (11) 5, 406–407.

Meyer de Schauensee 1930 — Proc. Acad. Nat. Sci. Philadelphia 81, 555.

Meyer de Schauensee 1934 — Proc. Acad. Nat. Sci. Philadelphia 86, 231.

Oates 1889 — Fauna Brit. India. Birds. London. 1, 420.

Oates 1894 — Ibis (6) 6, 482.

Riley 1938 — Birds Siam. Washington. 436.

Ripley 1961 — J. Bombay Nat. Hist. Soc. 58, 283.

Rippon 1896 — Ibis (7) 2, 359.

Rippon 1901 — Ibis (8) 1, 538.

Robinson 1919 — Ibis (11) 1, 392.

Rothschild 1921 — Novit. Zool. 28, 46.

Rothschild 1923 — Novit. Zool. 30, 259.

Rothschild 1925 — Novit. Zool. 32, 304.

Rothschild 1926 — Novit. Zool. 33, 286.

Smythies 1953 — Birds Burma. Edinburgh. 202.

Stanford u. Mayr 1941 — Ibis (14) 5, 240–241.

Stanford u. Ticehurst 1935 — Ibis (13) 5, 261.

Stresemann 1923 — Abh. Ber. Mus. Tierk. Völkerk. Dresden 16/2, 14.

Ticehurst 1938 — Genus *Phylloscopus*. London. 175–182.

Vaurie 1959 — Birds Palearct. Fauna. Passeriformes. London. 295–296.

Phylloscopus davisoni (Oates)

Weißschwanzlaubsänger

Verwandtschaft

Phylloscopus davisoni (Oates) ist zweifellos nächst verwandt einerseits mit *Ph. reguloides* (Blyth), so daß TICEHURST (1938) feststellen mußte, nur gut präparierte Exemplare lassen genau die Farbunterschiede und somit auch die Artunterschiede zwischen *reguloides* und *davisoni* erkennen, andererseits besteht die nahe Verwandtschaft zu *Ph. presbytes* Blyth von Timor und Flores.

Gliederung und Verbreitung

Wir haben bei der Bearbeitung von *Ph. davisoni* feststellen müssen, daß auch diese Art, wie manche andere ostasiatische, noch eingehenderer Untersuchungen bedarf. Seit TICEHURSTS (1938) erschienener Monographie über das Genus *Phylloscopus* scheinen keine neueren Erkenntnisse über die ungeklärten Fragen innerhalb der einzelnen Unterarten vorzuliegen. So sind Habitatbeschreibungen, Brutverhalten und Mauservorgänge nicht oder nur wenig bekannt. TICEHURST (l. c.) unterscheidet vier Unterarten: *Phylloscopus davisoni davisoni* (Oates) in Burma, Yünnan, Nordwest-Siam, in den Gebirgen des nördlichen Tonkin und Nord-Laos; — *Phylloscopus d. disturbans* (La Touche) in Szechuan und Süd-Yünnan; — *Phylloscopus d. ogilvie-granti* (La Touche): Nur wenige Exemplare sind bekannt vom Fundort des Typus aus Kuatun, Nordwest-Fokien und Nord- und Zentral-Annam; — *Phylloscopus d. klossi* (Riley) aus Süd-Annam, Süd-Laos, Süd- und Nord-Annam (*ogilvie-granti* ?), Nord-Tonkin.

VAURIE (1959) erkennt *disturbans, ogilvie-granti* und *klossi* zwar auch als Unterarten an, bezeichnet sie aber wegen der weit vom Areal der Nominatform entfernten Vorkommen speziell als „extralimital".

Die Biologie dieses Vogels ist weitestgehend unbekannt. *Phylloscopus davisoni* scheint im gesamten Verbreitungsgebiet Standvogel zu sein (LA TOUCHE 1899, RIPPON 1901, DEIGNAN 1945). An seinen Fundorten gilt er im allgemeinen als häufiger Laubsänger, der in Höhen ab 1485 m z. B. in Nord-Thailand und ab annähernd 1650 m in den südlichen Shan-Staaten, wo Bergrücken und niedrige Hügel mit Kiefern bestanden sind (RIPPON 1896) oder offener Immergrünwald herrscht, anzutreffen ist.

Bruten in Nordwest-Fokien sind durch Nestfunde belegt. Am Mt. David (P. 39) wurde am 9. 5. ein Nest entdeckt, das auf einem mit Moos bewachsenen Baumstamm etwa „5 feet" über dem Erdboden errichtet worden war und aus zwei Moosarten nebst etwas grobem Gras bestand. Es war gewölbt, hatte den Eingang im oberen Nestteil und enthielt weiße Eier. Ein weiteres Nest aus der gleichen Gegend stammte vom 16. 5. und war zwischen zwei Steinen unter einem Teestrauch verborgen (LA TOUCHE 1899). — Im Byingyi-Gebirge, Burma, wurde bereits im März ein ballförmiges Grasnest, das am Boden mit Federn ausgelegt war und drei weiße Eier enthielt, gefunden (OATES 1894).

XIV

1987

Monticola gularis (Swinhoe)

bearbeitet von

I. A. NEUFELDT und E. v. VIETINGHOFF-SCHEEL

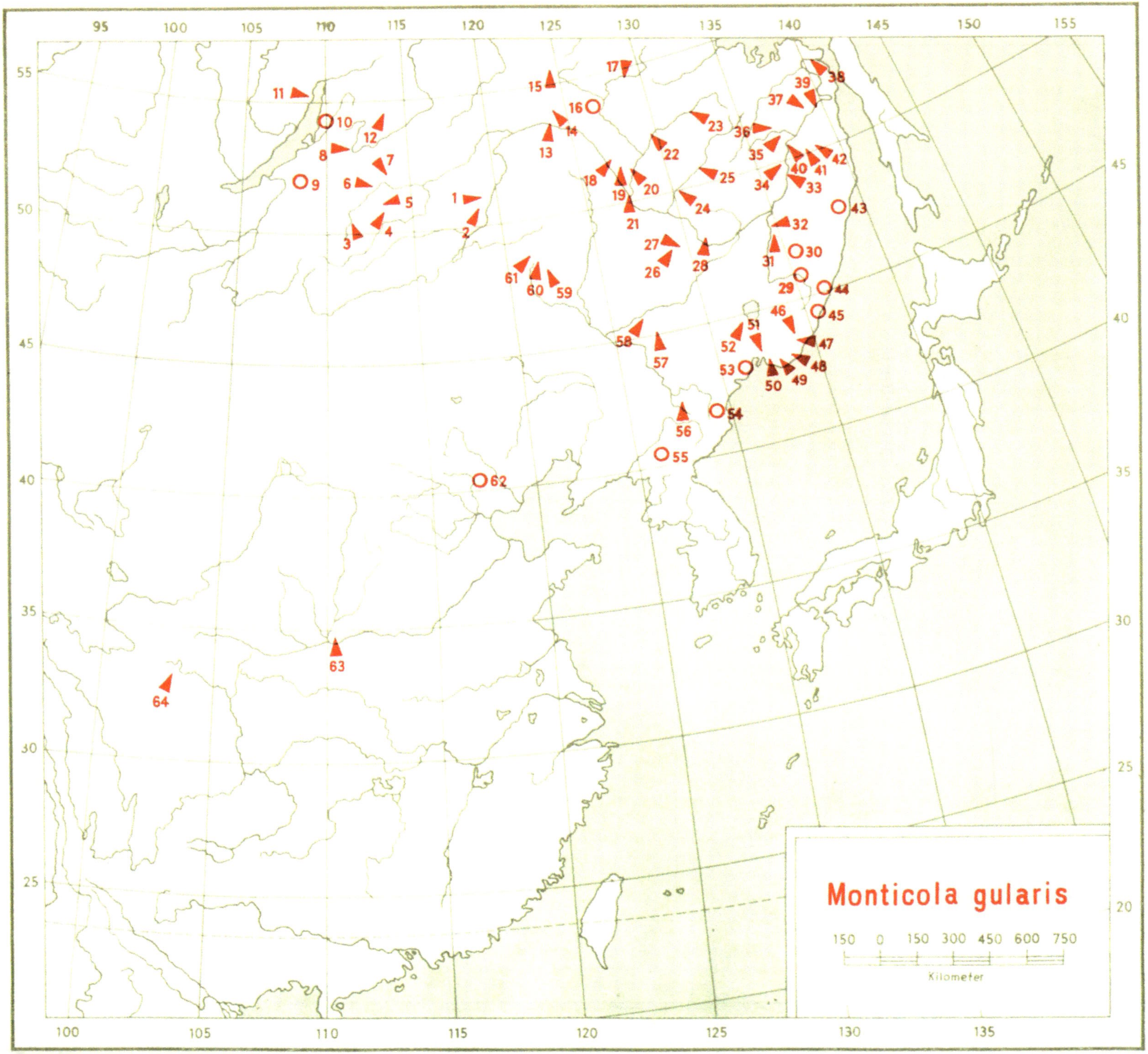
Monticola gularis
150 0 150 300 450 600 750
Kilometer

SHAW u. LIU 1940 — Bull. Fan Mem. Inst. Biol. Zool. Sinica 10, 144.
SMOGORSHEWSKIJ 1966 — Nautschn. dokl. Wys. schkoly. Biol. nauki 2, 30.
SMYTHIES 1953 — Birds Burma. London-Edinburgh. 133.
SPANGENBERG 1940 — Trudy Moskow. zooparka 1, 129.
SPANGENBERG 1960 — Ochr. prir. i ozel. 4, 141–142.
SPANGENBERG 1965 — Sborn. Trud. Zool. Muz. Mosk. uniw. 9, 193–194.
STEGMANN 1928 — Ann. Mus. Zool. Leningrad 28, 235–236.
STEGMANN 1931 — J. Orn. 79, 207–209.
STEPANJAN 1978 — Sostaw i rasprcd. ptic. fauny SSSR. Passeriformes. Moskwa. 196–197.
STRESEMANN u. HEINRICH 1940 — Mitt. Zool. Mus. Berlin 24, 222–223.
STYAN 1894 — Ibis (6) 6, 333.
SWINHOE 1861 — Ibis 3, 332–333.
TACZANOWSKIJ 1877 — Krit. obzor fauny Wost. Sib. Warschawa. 30.
TAN, MA, WAN, WAN u. TSCHSHOU 1965 — Acta Zool. Sinica 17, 86–102.
TUGARINOW 1932 — Trudy Mongol. kom. Akad. Nauk SSSR 1, 36–37.
WILDER u. HUBBARD 1938 — Birds Northeast. China. Peking. 297.
WOROBJOW 1938 — Trudy Sichote-Alinsk. zapow. 2, 51–53.
WOROBJOW 1954 — Pticy Ussur. kraja. Moskwa. 237–240.
YAMASHINA 1939 — Tori 10, 498.

Briefliche Auskunft erteilte E. P. SOKOLOW (SE-Transbaikalien).

Monticola gularis (Swinhoe)

Wald-Steindrossel

Verwandtschaft

Monotypische Art. Nächst verwandt mit *Monticola cinclorhynchus* (Vigors). Mit dieser und *M. erythrogaster* (Vigors) bildet sie die morphologisch, ökologisch und ethologisch gut abgesonderte endemische Gruppe von Wald-Berg-Drosseln des südöstlichen Asiens und verdient die Aufstellung einer selbständigen Gattung *Orocetes* (NEUFELDT 1966) oder *Petrophila* (NAZARENKO 1971a, IWANOW 1976, STEPANJAN 1978).

FARKAS (1968), SCHMIDT u. FARKAS (1974) geben *Orocetes* nur den Status einer Untergattung und zwar unter der Bedingung, in sie die afrikanische *M. angolensis* Sousa und den madagassischen *Pseudocossyphus sharpei* (Gray) einzuschließen, die beide Autoren auch der Gattung *Monticola* zuschreiben.

Zur Verbreitung

Das Hauptbrutgebiet liegt südlich der Linie nördlicher Baikal-See, Stanowoj-Gebirge, Amur-Mündung. In der Sowjetunion umfaßt es das Plateau und das Hügelland Transbaikaliens und des Amurgebietes, ebenso das Sichote-Alin-Gebirge und die Ausläufer der Tschernoje Gori im südlichsten Primorje, in China den nördlichen und mittleren Großen Chingan, die Mittellagen des Kleinen Chingan und erreicht bei Charbin die Vorberge des Shanbaishan. Im Süden grenzt das Areal an China und das Nordkoreanische Gebirge.

Außerdem sind aus China isolierte Brutvorkommen vom Gebiet des Tungling-Waldes, von den Nordhängen des Tschuntjao-shan und aus dem Süden der Provinz Gansu, die nach Meinung NEUFELDTS auf ein einstmals recht umfangreiches geschlossenes Areal hinweisen, bekannt. *M. gularis* siedelt nicht am Meeresufer (somit auch nicht im Küstengebiet des Sichote-Alin-Gebirges). In ausgedehnten Niederungen und weiträumigen Flußtälern ist die Art während der Brutzeit aus Mangel an zusagenden Biotopen sporadisch verbreitet (nur auf bewachsenen Bergkuppen) oder völlig abwesend.

Spezialkarten der Verbreitung bei NEUFELDT (1966) und CHENG (1976) für China.

Oekologie

Über die Oekologie von *M. gularis* innerhalb der Sowjetunion liegen eingehende Untersuchungen von SCHULPIN (1931), NEUFELDT (1965, 1966), NEUFELDT u. SOKOLOW (1960) vor. Zusammen mit Angaben aus anderen Teilen des Areals bieten sie eine erschöpfende Charakteristik der ökologischen Verhältnisse.

Die hauptsächlichen Anforderungen an den Brutbiotop sind 1. Reliefgelände, steile Abhänge und Exposition der Hänge mit charakteristischem Mikroklima. — 2. Mehrstufigkeit und gelichteter Baumbestand; Voraussetzung Mischwald mit einzelnen hohen Nadelbäumen. Felsen und unbewaldete Landstriche meidet sie zur Brutzeit.

62. Tungling	BJa	SHAW 1936	63. Nordhang d.		
	AB	Coll. Zool. Inst. Leningrad	Tschshuntjaoschan	Bs	TAN et al. 1965
— Mt. Mulei			64. Fluß Sigutschen		
(12.—14. IX.)		YAMASHINA 1939	(Lotani; Anfang X.)	J	BEREZOWSKI u. BIANCHI 1891
— Jingschujingtsze	As	RENSCH 1923			

LITERATUR

AUSTIN 1948 — Bull. Mus. Comp. Zool. Harvard 101, 207—208.
BELAEW 1980 — Trudy Biol. inst. Sibir. otd. Akad. Nauk SSSR 44, 232.
BEREZOWSKI u. BIANCHI 1891 — Aves Exped. Potanini Gan-su. St.-Petersb. 99.
BIANCHI 1902 — Ann. Mus. Zool. St.-Petersb. 7, 14—16.
BUTLER 1899 — J. Straits Branch Asiat. Soc. 32, 9—30.
CALDWELL u. CALDWELL 1931 — South China Birds. Shanghai. 66—69.
CHENG 1976 — Distrib. List. Chinese Birds. Peking. 578—579.
DEIGNAN 1963 — Checklist Birds Thailand (Unit. States Nat. Mus. Bull. 226) 165.
DELACOUR 1929a — Ibis (12) 5, 301.
DELACOUR 1929b — Ibis (12) 5, 417.
DOROGOSTAJSKIJ 1915 — Zap. Akad. nauk. 408.
ELSUKOW 1982 — Rastitel. i shiw. mir Sichote-Alinsk. zapow. Moskwa. 211.
FARKAS 1968 — Rev. Zool., Bot. Afric. 77/1—2, 162—189.
GAGINA 1960 — Trudy probl. i temat. sow. Zool. Inst. Akad. Nauk SSSR 9, 95.
GLADKOW 1954 — Pticy Sowj. Sojuz. Moskwa. 6, 489—492.
GYLDENSTOLPE 1916 — Svenska Vet. Akad. Handl., 48.
GYLDENSTOLPE 1920 — Ibis (11) 2, 478.
HEMMINGSEN u. GUILDAL 1968 — Spolia Zool. Mus. haun. 28, 134—135.
INGRAM 1909 — Ibis (9) 3, 426.
IWANOW 1976 — Katalog ptic SSSR. Leningrad. 170—171.
IZMAJLOW 1967 — Pticy Witim. ploskogorjja. Ulan-Ude. 143—144.
IZMAJLOW u. BOROWICKAJA 1937 — Pticy jugo-zapad. Zabajkalja. Wladimir. 144—145.
JANKOWSKIJ 1898 — Zap. Priamursk. otd. Russ. geogr. ob. 3/3, 122.
KISLENKO 1969 — Utsch. Zap. Moskow. obl. pedag. inst. Krupskoj 224, zool. i zoogeogr. 7, 50.
KISTJAKOWSKIJ u. SMOGORSHEWSKIJ 1964 — Nautschn. dokl. Wys. schkoly. Biol. nauki 3, 28.
KISTJAKOWSKIJ u. SMOGORSHEWSKIJ 1973 — Wopr. geogr. Daln. Wost. 11, 217.
KOLONIN 1963 — Ornitologija 6, 472.
KOLTHOFF 1932 — Medd. Göteborgs Mus. Zool. Avd. 59, 114.
KULESCHOWA, MATJUSCHKIN u. KUZNECOW 1965 — Ornitologija 7, 103.
KURODA 1918 — Ann. Zool. Jap. 9/4, 539—540.
KURODA 1932 — Tori 7/35, 422.
LABZJUK, NAZAROW u. NETSCHAJEW 1971 — Trudy Biol.-potschw. inst. Dalnewost. nautsch. centra Akad. Nauk SSSR, n. s., 6, 69.
LA TOUCHE 1899 — Ibis (7) 5, 180.
LA TOUCHE 1906 — Ibis (8) 6, 627.
LA TOUCHE 1920 — Ibis (11) 2, 884.
LA TOUCHE 1925 — Handb. Birds Eastern China. London. 1, 124—125.
LILLELECHT 1971 — Shiw. prir. Daln. Wost. Tallinn. 228.
LITWINENKO u. SCHIBAJEW 1971 — Trudy zapow „Kedrowaja padj" 2, 184.
MACDONALD 1904 — J. Bombay Nat. Hist. Soc. 15, 727.
MEDWAY u. WELLS 1976 — Birds Malay Peninsula. London. 5, 321.
MEINERTZHAGEN 1951 — Ibis 92, 456; 458.
MEISE 1934 — Abh. Ber. Mus. Tierk. Völkerk. Dresden 18/2, 43.
MELL 1922 — Arch. Naturgesch., A, 10, 65.
MEYER DE SCHAUENSEE 1934 — Proc. Acad. Nat. Sci. Philadelphia 86, 212.
NAZARENKO 1971a — Trudy Biol.-potschw. inst. Dalnewost. nautsch. centra Akad. Nauk SSSR, n. s., 6, 37—38.
NAZARENKO 1971b — Trudy Biol.-potschw. inst. Dalnewost. nautsch. centra Akad. Nauk SSSR, n. s., 6, 84; 89.
NAZARENKO 1971c — Trudy zapow. „Kedrowaja padj" 2, 103.
NETSCHAJEW u. NAZAROW 1968 — Westn. Zool. 3, 25.
NEUFELDT 1965 — Zool. Sh. 64, 140—142.
NEUFELDT 1966 — Trudy Zool. inst. Akad. Nauk SSSR 39, 120—184.
NEUFELDT u. SOKOLOW 1960 — Ornitologija 3, 236—250.
OGASAWARA 1969 — Misc. Rep. Yamashina Inst. Orn. 5/6 (32), 684—685.
OMELKO 1956 — Trudy Dalnewost. Fil. Akad. Nauk SSSR 3 (4), 354—355.
PANOW 1973 — Pticy Jushn. Primorjja. Nowosibirsk. 201—202.
PAWLOW 1948 — Pticy i zweri Tschitin. obl. Tschita. 66, 142.
PIECHOCKI 1958 — Abh. Ber. Mus. Tierk. Dresden 24, 153.
POLUSCHKIN 1977 — Ornitologija 13, 193.
POLUSCHKIN 1980 — Ornitologija 15, 201.
PUKINSKIJ 1975 — Po taioshnoj reke Bikin. Moskwa. 46, 47, 48, 49.
RANDLA 1971 — Shiw. Prir. Daln. Wost. Tallinn. 238—239.
RENSCH 1923 — Abh. Ber. Mus. Tierk. Völkerk. Dresden 16/2, 48.
RILEY 1938 — Smith. Inst. Unit. States Nat. Mus. 172, 417.
ROBINSON 1915 — Ibis (10) 3, 752.
ROBINSON u. KLOSS 1919a — Ibis (11) 1, 594.
ROBINSON u. KLOSS 1919b — J. Nat. Hist. Soc. Siam 3, 112.
SCHMIDT u. FARKAS 1974 — Der Steinrötel. Neue Brehm-Bücherei 478. Wittenberg. 56—57.
SCHTILMARK 1973 — Wopr. geogr. Daln. Wost. 11, 53.
SCHULPIN 1931 — Ann. Mus. Zool. Leningrad 32, 269—288.
SEEBOHM 1881 — Catal. Birds. London. 5, 326—327.
SHAW 1936 — Zool. Sinica. (Vertebr. China) Ser. B. 15/1, 686—688.

FUNDORTLISTE

Nr.	Fundort		Quelle
1.	Krasnojarowo	AB	Izmajlow u. Borowickaja 1973
2.	Schara	ABJa	Sokolow (brfl. 1983)
3.	Fluß Uschmun, Oberlauf der Ingoda	A ?	Gladkow 1954
4.	Alchanaj	J	Gladkow 1954
5.	Balzino	A	Stegmann 1928; Coll. Zool. Inst. Leningrad
6.	Umgebung Tasej-See	AB ?s	Pawlow 1948
7.	Saranakan	As	Pawlow 1948
8.	Ustj-Zaza	As	Izmajlow 1967
9.	E Chamardaban-Gebirge	A	Izmajlow u. Borowickaja 1973
–	Fluß Gurulba	A	Gagina 1960
10.	Barguzinskij-Naturschutzgebiet, Fluß Schumilicha	As	Beljajew 1980
11.	17 km N Baikalskoe	ABs	Poluschkin 1977, 1980
12.	Bagdarin	ABs	Izmajlow 1967
13.	40 km N Dshalinda	A	Stegmann 1931
14.	8 km N Ignaschkino	AB	Kolonin 1963
15.	Mogot	AJ	Lillelecht 1971
16.	Ostteil des Tukuringra-Gebirges	AJ	Coll. Zool. Inst. Leningrad
17.	Bomnak	A	Dorogostajskij 1915; Coll. Zool. Inst. Leningrad
18.	Kumara	A	Stegmann 1931, Neufeldt (unveröffentl.)
–	Simonow	ABNJc	Neufeldt u. Sokolow 1960
19.	Klimoucy	ABNJc	Neufeldt 1969
20.	Swobodnyj	A	Neufeldt (unveröffentl.)
21.	Blagowestschensk u. Umgebung	A	Neufeldt (unveröffentl.)
22.	Ustj-Norsk	A	Coll. Univ. Kiew
–	Noworossijka	A	Coll. Univ. Kiew
23.	Stojba	A	Smogorshewskij 1966
–	Selemdshinsk	A	Smogorshewskij 1966
24.	Shelunda	A	Kistjakowskij u. Smogorshewskij 1964
–	Ostrowskoe	A	Kistjakowskij u. Smogorshewskij 1964
–	Tscheugda	A	Coll. Univ. Kiew
25.	Mündung d. Werchny Melgin	A	Coll. Univ. Kiew
–	Ustj-Tyrma	A	Coll. Univ. Kiew
–	Mündung d. Malmalta	A	Coll. Univ. Kiew
26.	Ichun	AJs	Piechocki 1958
27.	Wuying	AJs	Piechocki 1958
28.	Fluß Ditschun	As	Stegmann 1931
29.	Mittellauf des Iman (= Bolschaja Ussurka)	A	Spangenberg 1965
–	Wachumbe (= Dalnij Kut)	A	Spangenberg 1965
–	Mündung d. Tatjube (= Dalnaja)	A	Spangenberg 1965
–	Pestschernoe-See	A	Spangenberg 1965
30.	Mittellauf d. Bikin	N	Pukinskij 1975
–	Fluß Bikin	A	Spangenberg 1965
31.	Wenjukowo	B ?	Kislenko 1969
32.	Chechcir-Gebirge	A	Kuleschowa et al. 1965
–	Ussuri-Mündung, Kazakewitschi	A	Taczanowski 1877, Seebohm 1881, Schulpin 1931
33.	Slawjanka	A	Coll. Univ. Kiew
34.	Bolonj-See	A	Coll. Univ. Kiew
35.	Fluß Gorin	NJc	Worobjow 1938, 1954
36.	Eworon-See	AJc	Worobjow 1938, 1954
37.	Fluß Limuri	Ac	Schtilmark 1973
38.	Nikolaewsk-na-Amure	A	Kistjakowskij u. Smogorshewskij 1973
39.	Sofijsk	B	Schulpin 1931
		A	Coll. Zool. Inst. Leningrad
40.	Piwanj	A	Schtilmark 1973
41.	Mittellauf d. Chungari (= Gur)	N	Spangenberg 1960
–	Dankinskij am Fluß Gur	A	Schtilmark 1973
42.	Fluß Werchnjaja Udomi	A	Spangenberg 1960
43.	Fluß Samarga	AJ	Schulpin 1931
44.	Sichote-Alin-Schutzgebiet	B	Elsukow 1982
45.	Fluß Tjutiche (= Tetjuche = Rudnaja)	B	Schulpin 1931
46.	Berg Oblatschnaja	A	Nazarenko 1971c
–	Fluß Jan-mutj-chouza (Fluß Ussuri)	A	Coll. Zool. Inst. Leningrad
47.	Stscherbakowka am Fluß Pchusun (= Margaritowka)	JA	Schulpin 1931; Coll. Zool. Inst. Leningrad
48.	Sudzuchinskij (= Lazowskij)-Schutzgebiet, Oberlauf Sudzuche (= Kiewka)	AB	Litwinenko u. Schibajew 1971
49.	Mittellauf d. Sutschan (= Fluß Partizanskaja)	ABJa	Schulpin 1931; Coll. Zool. Inst. Leningrad
50.	Fluß Pejschula (= Suworowka)	ABs	Neufeldt (unveröffentl.)
51.	Razdolnoe	B	Schulpin 1931
52.	Barabasch-Lewada	A	Coll. Zool. Inst. Leningrad
53.	Schutzgebiet „Kedrowaja padj" und Umgebung: Oberlauf. d. Sidimi (= Narwa)	AJs	Nazarenko 1971b, Panow 1973
	Berg Uglowaja	As	Nazarenko 1971b, Panow 1973
	Berg Wysotnaja	As	Panow 1973
54.	Hamgyong Pukto	AJ	Austin 1948
–	Paß Kindzador	A	Jankowskij 1898 (s. n. *Erithacus* sp.); Coll. Zool. Inst. Leningrad
55.	Pyongan Pukto	A	Austin 1948
–	Riuganpo (N Heian distr.)	A	Kuroda 1918
56.	Kashin-byo-zan (bei Rokudoko)	A	Kuroda 1932
57.	Maoerschan	A	Meise 1934
58.	Charbin	AJ	Meise 1934
59.	Dshalantun	A	Meise 1934
60.	Buchedu	A	Meise 1934
61.	Khingan	A	Ingram 1909, Yamashina 1939

An der Südgrenze der Verbreitung, in der Provinz Schansi, bewohnt die Wald-Steindrossel die Waldzone bei ungefähr 1500 m (TAN et al. 1965). In Korea wurde sie in der Hochebene Kindzador bei 914 m gefunden (JANKOWSKIJ 1898), im chinesischen Großen Chingan bei 1158 m (INGRAM 1909), in der UdSSR in den Bergen des südlichen Primorje bei 300—1650 m (SCHULPIN 1931, LITWINENKO u. SCHIBAJEW 1971, NAZARENKO 1971a, b). Beim Vordringen nach Norden ist der Vogel in niedrigeren Höhen zu finden: Im Amurland (nach NEUFELDT 1966) 290—500 m, doch zur Brutzeit niemals niedriger als 200 m. Was den Baumbewuchs im Gebiet der Nordgrenze betrifft, so handelt es sich um niedergebrannte oder teilweise ausgehauene reine Lärchenwälder mit einzelnen Kiefern und mitunter schwachem Unterwuchs aus Erlen, Birken, *Ledum* und *Rhododendron* (DOROGOSTAJSKIJ 1915, LILLELECHT 1971). Im Amurland und im nördlichen Primorje handelt es sich um gelichtete Eichen-Kiefernbestände, Kiefern-Lärchenwälder und Lärchen-Fichtenwälder mit Beimischung von Daurischer Birke, Espe und Unterwuchs aus *Rhododendron* und *Lespedeza* (SPANGENBERG 1960, WOROBJOW 1954, NEUFELDT 1966). Im südlichen Primorje und in Nord-Korea lebt die Art in der Umgebung von Tannen-Fichten-, Nadel-Laubwäldern mit Beimischung von *Pinus funebris* (NAZARENKO 1971b, JANKOWSKIJ 1898); in China, in der Provinz Shansi, findet man die Wald-Steindrosseln an Hängen mit Dickichten aus Kiefer, Birke, Eiche, *Thuja*, Wildrosen und *Spiraea* (TAN et al. 1965).

Eine Brut im Jahr. Zur Brut schreiten sie bald nach der Rückkehr aus den Winterquartieren. Im Süden des Amur-Zeja-Plateaus beginnt die Mehrzahl der Paare mit dem Brutgeschehen zwischen dem 1.—19. Juni; bei einzelnen Paaren erste Eiablage zwischen dem 21. und 27. Juni, spätere Termine sind selten: 1959 das erste Ei am 4. 7. (NEUFELDT 1966). Ab 8. Juli werden in dieser Gegend die Jungen flügge.

Am Mittellauf des Chungari (= Gur) am 14. 6. ein halbfertiges Nest (SPANGENBERG 1960); am Gorin-Fluß am 9. 7. ein Nest mit fast flüggen Jungen (WOROBJOW 1938); in der Umgebung des Eworon-Sees fand WOROBJOW 1932 sehr frühe Bruten am 17. und 18. 6., die auf sehr zeitige Ankunft der Vögel und Gelegebeginn von Mitte Mai schließen lassen. Gewöhnlich werden Junge von *M. gularis* nur vom Juli erwähnt: 6. 7. bei Charbin (MEISE 1934); 11.—13. 7. im Tungling-Wald (SHAW 1936), 17. 7. am Oberlauf des Sidimi (= Narwa; PANOW 1973), 27. 7. in Transbaikalien und am Südhang des Stanowoj-Gebirges (GLADKOW 1954, LILLELECHT 1971).

Ungünstige Unterbringung des Nestes, unterschiedlicher Brutbeginn und Mehrfachbruten können eine Ausdehnung der Brutperiode bewirken (NEUFELDT 1966).

Nach der Art der Anlage unterscheidet man drei Gruppen von Nestern: In Nischen am Boden; in Wurzelhöhlen; in Halbhöhlen, etwa 20—100 cm über der Erde, durch obere und seitliche Abdeckung gut geschützt. Die Art der Bedeckung, die Größe und Konstruktion des Nestes unterscheiden sich je nach Beschaffenheit des Bodens. In der ersten Gruppe sind es einfache Nester in Form einer Erdgrube, mit einer dünnen Schicht von Kiefernnadeln und trockenen Zweigchen ausgelegt; die Mehrzahl der Nester liegt auf unebenem oder abschüssigem Untergrund, deshalb massiv und recht umfangreich wegen der Fülle des verwendeten Materials: Trockene Blätter, zarte Zweigchen, Flechten, Moose, Wurzelstückchen von Bäumen, außen alles verflochten mit Kiefernnadeln, kleinen Zweigen und Würzelchen (NEUFELDT u. SOKOLOW 1960).

Das Vollgelege besteht aus 5—8 Eiern, häufig sind es 6, die völlig anders als bei *Monticola saxatilis* (L.) und *M. solitarius* (L.) gefärbt sind (s. NEUFELDT u. SOKOLOW 1960, NEUFELDT 1966). Im Amurland (NEUFELDT 1965) dient *M. gularis* als Nestwirt für *Cuculus canorus* (Beispiel für Eier-Mimikri!).

Typische Insektenfresser während des ganzen Jahres (SHAW u. LIU 1940, MEINERTZHAGEN 1951, KOLTHOFF 1932, SCHULPIN 1931, NEUFELDT u. SOKOLOW 1960, NEUFELDT 1966, NETSCHAJEW u. NAZAROW 1968).

Wanderungen

Zugvogel, der im späten Herbst von der 2.—3. Dekade September und Anfang Oktober das Brutgebiet verläßt (SWINHOE 1861, BEREZOWSKI u. BIANCHI 1891, KURODA 1918, WILDER u. HUBBARD 1938, YAMASHINA 1939, AUSTIN 1948, RANDLA 1971, PANOW 1973, Coll. Zool. Inst. Leningrad).

Außerhalb des Brutgebietes wurden Zügler im südlichen Transbaikalien vom 10.—15. 9. gesehen (GAGINA 1960), in der Mongolei am Chalchyngol am 7. 9. (TUGARINOW 1932), im südlichen Primorje auf der Halbinsel Murawjew-Amurskij vom 14.—30. 9. (Coll. Zool. Inst. Leningrad) und auf den Inseln in der Bucht Peter der Große vom 18.9. — Mitte 10. (NETSCHAJEW u. NAZAROW 1968, LABZJUK et al. 1971, Coll. Zool. Inst. Leningrad). Der Zug führt durch das ganze östliche China: 27. 9., 5. 10. bei Chinkiang (LA TOUCHE 1906), im Oktober bei Shinghai (STYAN 1894), 20. u. 27. 10. in der Provinz Fohkien (MELL 1922), im Oktober in der Provinz Kwangtung (CALDWELL u. CALDWELL 1931), wo sie, wie auch in anderen geeigneten Gegenden Südost-Chinas, anscheinend überwintern. Weitere Überwinterungsplätze liegen in Indochina: Süd-Vietnam bei Daban (ROBINSON u. KLOSS 1919a), bei Djirong, Ak-Binh (DELACOUR 1929a) und bei Tay-Ninh (DELACOUR 1929b); häufig in Kampuchea, besonders bei Bokor (DELACOUR 1929b); im östlichen Thailand bei Ubon (DEIGNAN 1963), im Norden im Gebirge Khun-Tan (= Koon-Tan; GYLDENSTOLPE 1916, 1920) und im Gebiet des Gebirges Doi Sutep bei Chiang Mai (MEYER DE SCHAUENSEE 1934), im Südosten des Landes bei Chantaburi (= Chantabun) die ersten bereits am 2. 11. (RILEY 1938), sehr selten bei Klong Menao (ROBINSON 1915) und im Süden von der Landenge Kra-Nong Koh, Krabi (ROBINSON u. KLOSS 1919b). Mitunter auch im Innern der Halbinsel Malakka, Larut Hills (Perah) und in Malaysia (BUTLER 1899; fide MEDWAY u. WELLS 1976). In geringer Anzahl im zentralen und westlichen Burma: Mt. Victoria (STRESEMANN u. HEINRICH 1940), Mt. Popa (MACDONALD 1904), Shan-Staaten (SMYTHIES 1953).

Der Wegzug aus den Winterquartieren beginnt nicht vor April, z. B. Burma (MACDONALD 1904), jedoch bereits am 26. 3. aus Südost-Vietnam (ROBINSON u. KLOSS 1919a).

Durchziehende Vögel in Nordwest-Fokhien am 9. 5. (LA TOUCHE 1899), am unteren Yangtse, Chinkiang-Gebirge, 13. 5. (KOLTHOFF 1932); selten im Mai bei Peking (WILDER u. HUBBARD 1938). In der letzten Mai-Woche bei Chingwangtao (LA TOUCHE 1920, 1925), bei Peitai-ho (HEMMINGSEN u. GUILDAL 1968) und Inkou (BIANCHI 1902). In Korea auf dem Zug hauptsächlich entlang der Nordgrenze Nordkoreas, früheste Beobachtung bei Pyongan Namdo am 23. 5. (AUSTIN 1948). Sehr selten auf dem Zug im Süden Koreas: 1 Exemplar am 20. 5. 1930 in Cholla Namdo (AUSTIN 1948).

Japan: Ein verflogenes Exemplar (Weibchen) vom 24. 5. 1969 aus dem Stadtpark von Akita im nördlichen Hondo (OGASAWARA 1969). Sowjetunion: Auf den Inseln in der Bucht Peter der Große wurde Zug im Mai festgestellt (LABZJUK et al. 1971), auf der De-Vries-Halbinsel am 26. 5. gefunden (OMELKO 1956), in der Umgebung von Wladiwostok am 11. 5. (WOROBJOW 1954), am Südufer des Chanka-Sees am 26. 5. (Coll. Zool. Inst. Leningrad); in Süd-Transbaikalien am See Zun-Torej nahe den Brutstätten am 4. 6. (Coll. Zool. Inst. Leningrad). Während sich ein Teil der Vögel bereits im Brutgebiet angesiedelt hat, setzen die nördlichen Populationen ihre Wanderungen fort. In Nord-Korea, bei Pyongan Pukto, bereits am 11. 5. (AUSTIN 1948); im Primorje, in der Iman-Niederung (Bolschaja Ussurka), einzelne Exemplare am 14. 5. (SPANGENBERG 1940).

Nach dem 20. Mai hat die Mehrzahl der Vögel ihre Brutstätten erreicht: Amur-Zeja-Plateau 1958, 1959, 1961, 1962, 1971 Erstankömmlinge zwischen 19. und 26. 5. (NEUFELDT 1966 und unveröffentl.). Südliche Ausläufer des Bureja-Gebirges 24. 5. (STEGMANN 1931), am unteren Amur 20. 5. (Coll. Zool. Mus. Kiew Univ.), im Großen Chingan 28.—30. 5. (INGRAM 1909, MEISE 1934), in Kashin-byo-zan 21. 5. (KURODA 1932).

XIV

1987

Limnodromus semipalmatus (Blyth)

bearbeitet von

K. LIEDEL

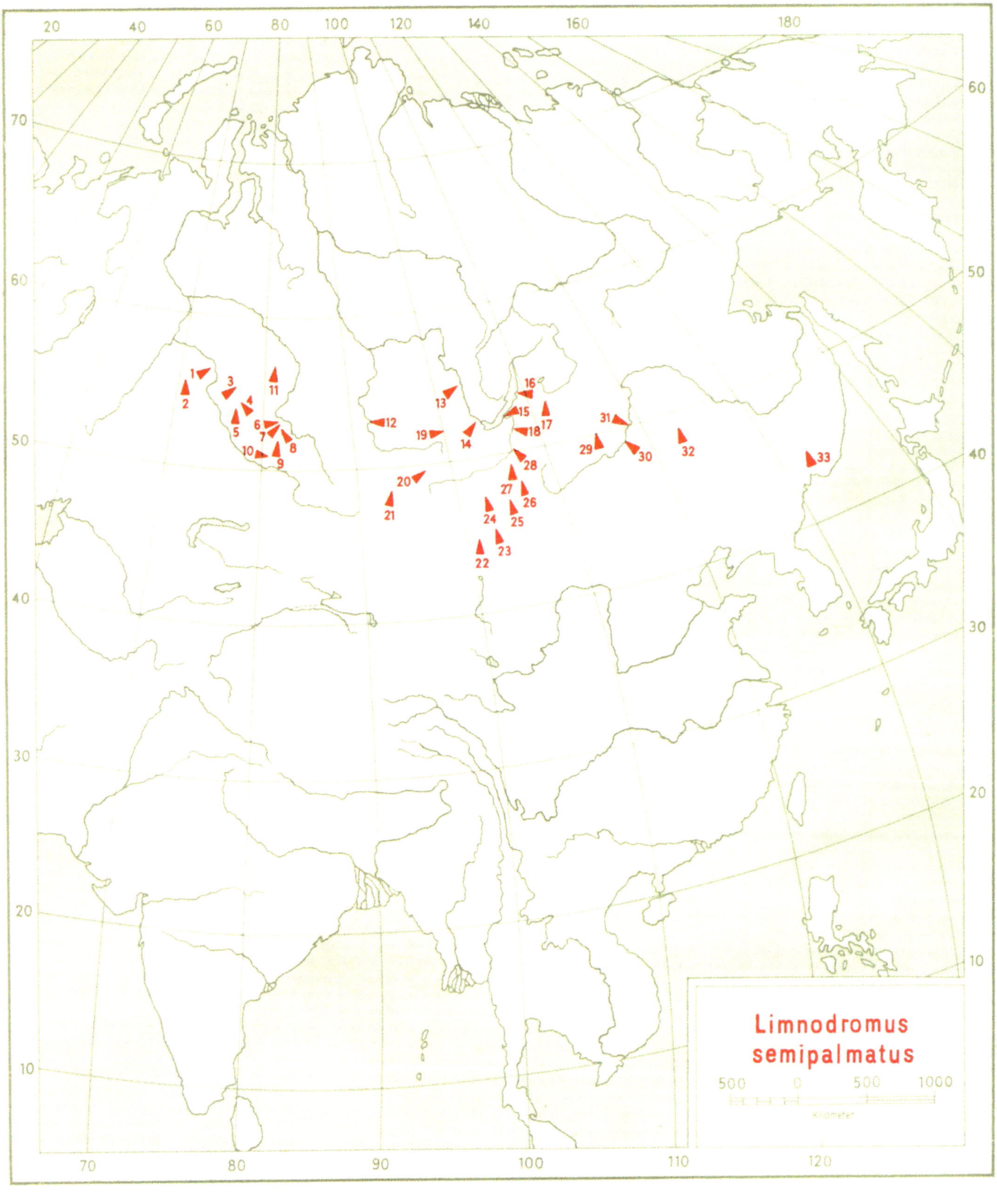
Limnodromus
semipalmatus
500 0 500 1000

VASILCHENKO u. UNZHAKOV 1982 Ornitologija 17, 160.
VAURIE 1965 Birds palearct. Fauna. Non-Passeriformes. London. 408.
WELISHANIN 1926 Uragus 1/1, 15–19.
WELISHANIN 1927 Uragus 2/1, 7.
WILDER u. HUBBARD 1938 Birds Northeast. China. Peking. 563.

Briefliche Auskunft gab SUCCOW (Mongolei)

Limnodromus semipalmatus (Blyth)

Steppenschlammläufer

Zur Verwandtschaft

PITELKA (1948) wies auf die engen Beziehungen zu den Limosinae hin. Er hielt die Abtrennung der Art von der Gattung *Limnodromus* Wied und ihre Plazierung in der monotypischen Gattung *Pseudoscolopax* Blyth für berechtigt. RAND (1950) und VAURIE (1965) lehnten diesen Vorschlag ab, und KOZLOWA (1962) betonte, Ähnlichkeiten in Details des Schädelbaues sowie in Gefiederfärbung und -zeichnung entsprechender Kleider riefen an den verwandtschaftlichen Beziehungen zwischen *L. semipalmatus* und *L. griseus* keinerlei Zweifel hervor, so daß beide Arten in eine Gattung gehören. Sie faßte die Gattungen *Numenius*, *Limosa* und *Macrorhamphus* (= *Limnodromus*) zur Unterfamilie Limosinae innerhalb der Charadriidae zusammen und stellte diese in die unmittelbare Nachbarschaft der Scolopacinae (Gattungen *Lymnocryptes*, *Gallinago* und *Scolopax*). GLUTZ VON BLOTZHEIM et al. (1975, 1977) folgen dem von JEHL nach Struktur und Musterung der Dunenkleider aufgestellten System und ordnen die Schlammläufer der Unterfamilie Gallinagoniae zu, weisen aber gleichzeitig darauf hin, daß es auch deutliche Beziehungen zu *Limosa* (Unterfamilie Tringinae) gibt, die nicht auf Konvergenz beruhen (siehe dazu aber MAUERSBERGER 1983).

Der Steppenschlammläufer wird bisher als monotypische Art geführt. Es stellt sich jedoch die Frage nach möglicher genetischer Differenzierung, da die westsibirischen Brutvögel offenbar von denen des östlichen Teilareals durch weite Verbreitungslücke, anderen Zugweg und gesondertes Überwinterungsgebiet (siehe unten) deutlich isoliert zu sein scheinen.

Zur Verbreitung

Offenbar stark in ihrem Bestand bedrohte Reliktart mit sehr zerrissenem Areal. *L. semipalmatus* ist an die Steppen- und Waldsteppenzone Asiens gebunden. Sein Brutgebiet zieht sich lückenhaft von Westsibirien bis in den Fernen Osten (nähere Angaben siehe LIEDEL 1982). Es zerfällt in drei große Teilgebiete. Das erste, in Westsibirien gelegen und von den anderen deutlich isoliert, ist offenbar seit seiner Entdeckung zu Beginn dieses Jahrhunderts stark geschrumpft und jetzt auf die Baraba-Waldsteppe und die nördliche Kulunda-Steppe beschränkt. Das zweite stellt ein mehr oder weniger grobes Netz inselartiger Vorkommen dar, das sich vom Baikal-Gebiet bis in die Steppen- und Halbwüstenregion der Mongolei erstreckt. Vermutlich besteht lockere Verbindung von Transbaikalien über die Barga und die nördliche Mandschurei zum dritten Gebiet am Chanka-See im südlichen Primorje.

Auffällig die Verbreitungslücke in Mittelsibirien, von wo bisher nur ein Nachweis bekannt ist: ein Vogel wurde am 2. Juni 1900 bei Minussinsk erbeutet (SUSHKIN 1938; dagegen gibt KOZLOWA, 1962, das Jahr 1910 an). Die Lücke erklärt sich offenbar aus dem Fehlen größerer Steppengebiete oder breiter unbewaldeter Flußauen und damit geeigneter Habitate, in diesem vorwiegend gebirgigen, vom Altai-Sajan-System geprägten und von Taiga bedeckten Teil Sibiriens. Auch die Vermutung SUSHKINS, die Art könnte im Steppenteil Tuwas als Brutvogel vorkommen, hat sich bis heute nicht bestätigt; es wäre aber denkbar. Die Bildung des gewaltigen Stausees von Bratsk führte offenbar zu derart grundlegenden Veränderungen der Taigalandschaft, daß geeignete Habitate im Uferbereich des Stausees entstanden. Es liegen mehrere Juni-Feststellungen von Einzelvögeln, aber auch kleiner Trupps von der gestauten Angara oberhalb von Ust-Uda vor.

Auch wenn in den weiten Steppengebieten der Mongolei, vor allem der Ostmongolei, noch Brutplätze unentdeckt geblieben sein sollten, an dem zerrissenen und aufgesplitterten Verbreitungsbild der Species würde sich dennoch kaum etwas ändern.

Der Steppenschlammläufer ist vermutlich eine sehr altertümliche Form, die im Bereich des spättertiären Tethys-Meeres entstand. Sicherlich hatte er ursprünglich ein geschlossenes Areal. Er verlor aber in der Folgezeit mit dem kontinuierlichen Rückgang der Tethys am Ausgang des Tertiärs und ihrem Zerfall in mehrere Teilbecken, die durch die mit der fortschreitenden Auffaltung des Himalaya-Bogens verbundenen Klimaveränderung in weiten Teilen Zentralasiens nach und nach austrockneten, stetig an Raum und wurde so auf die heutigen reliktären Vorkommen beschränkt. Ein Vergleich mit einigen Möwenformen (*Larus relictus*, *L. ichthyaetus*) drängt sich auf.

LITERATUR

Ali u. Ripley 1969 — Birds India and Pakistan. 2. Bombay-London-New York. 276–277.

Bartels 1938 — Orn. Mber. 46, 76.

Bezborodov 1979 — Ornitologija 14, 186.

Blanford 1898 — Fauna British India. Birds. 4. London. 257–258.

Britton 1980 — Birds East Africa. Nairobi.

Buturlin 1909 — Orn. Mber. 17, 3.

Cheng 1976 — Distrib. List Chin. Birds (Rev. Ed.). Peking. 211–212.

Crawford 1972 — Emu 72, 112–113.

Curry-Lindahl 1981 — Bird Migr. Africa. London. 91.

Danilow u. Michantjew 1976 — Trudy biol. inst. Sib. otd. AN SSSR 21. Nowosibirsk. 261.

Deignan 1963 — Checklist Birds Thailand. Smith. Inst. U. S. Nat. Mus. Bull. 226, 39.

Delacour 1929 — J. Orn., Erg.-Bd. II 1929, 74.

Dolguschin 1962 — Pticy Kazachstana. 2. Alma-Ata. 148–151.

Dresser 1909 — Ibis (9) 3, 418–421.

Fiebig u. Jander 1985 — Ann. Orn. 9, 107–111.

Fischer 1983 — Beitr. Vogelk. 29, 304.

Gardner u. Gardner 1976 — Austral. Bird. Watcher 6, 177–179.

Gladkow 1951 — In: Dementjew u. Gladkow, Pticy SSSR. 3. Moskwa. 190–193.

Glutz von Blotzheim, Bauer u. Bezzel 1975 — Handb. Vögel Mitteleuropas. 6. Wiesbaden. 472–473.

Glutz von Blotzheim, Bauer u. Bezzel 1977 — Handb. Vögel Mitteleuropas. 7. Wiesbaden. 98–99.

Gluschtschenko u. Schibnew 1977 — VII. Wsesojuzn. orn. konf., tez. dokl. 1. Kiew. 50.

Gluschtschenko u. Schibnew 1979 — Biol. ptic. juga Daln. Wost. SSSR. Wladiwostok. 67–74.

Glustchenko 1982 — Ornitologija 17, 162.

Gyngazow u. Milowidow 1977 — Ornitof. Zapadn.-Sib. rawniny. Tomsk. 139–140.

Hachlow 1932 — L'Oiseau 2, 283–291.

Iwanow 1980 — Nowoje w izutsch. biol. i rasprost. kulikow. Moskwa. 143–144.

Izmajlow u. Borowickaja 1973 — Pticy Jugo-Zapadn. Zabajkalja. Wladimir. 78.

Jurlow 1975 — Mat. Wsesojuzn. konf. migr. ptic. 1. Moskwa. 162.

Jurlow 1981 — Ekol. i biocenot. svj. pereletn. ptic Zapadn. Sib. Nowosibirsk. 102–109.

Jurlow et al. 1977 — Trudy biol. inst. Sib. otd. AN SSSR 33. Nowosibirsk. 207.

Kitson 1979 — Wader Study Group Bull. 27, 34.

Klapste 1975 — Austral. Bird Watcher 6, 81.

Kleinstäuber u. Succow 1978 — Ann. Orn. 2, 17.

Kozlowa 1930 — Pticy Zabajkalja, sew. Mongolii i centr. Gobi. Leningrad. 127–128.

Kozlowa 1962 — Fauna SSSR. Pticy. 2/1.3; n. s. 81. Moskwa-Leningrad. 386–403.

Lane 1978 — Sunbird 9, 13.

Lane, Martindale u. Minton 1983 — Wader Study Group Bull. 37. 33.

La Touche 1933 — Handb. Birds East. China. 2/4. London. 368–369.

Leonovich 1973 — Fauna and Ecol. of Waders. 1. Moscow. 81–83.

Leonowitsch 1976 — Trudy Oksk. zapow. 13, 165–167.

Liedel 1982 — Ann. Orn. 6, 147–162.

Lipin, Toltschin, Wajnstejn, Sonin 1968 — Ornitologija 9, 217.

Lönnberg 1909 — Ark. Zool. 5/9, 33.

Lukaschkin 1934 — Westn. Mantschsh. 1934/9, 96.

Makatsch 1979 — Bonner Zool. Beitr. 30, 41.

Mauersberger, Wagner, Wallschläger, Warthold 1982 — Mitt. Zool. Mus. Berlin 58, 31–32.

Mauersberger 1983 — Ann. Orn. 7, 52.

Melnikow 1979 — VII. Wsesojuzn. zoogeogr. konf., tez. dokl. Moskwa. 296.

Mengel 1948 — Auk 65, 146.

Mitropolskij 1978 — II. Wsesojuzn. konf. migr. ptic. 2. Alma-Ata. 106.

Moreau 1972 — Palaearct.-African Bird Migr. Syst. London-New York. 290.

Oates 1883 — Handb. Birds. Brit. Burmah. 1. London. 408–409.

Orn. Soc. Japan 1976 — Addenda and Corrigenda Check-list Jap. Birds. Tokyo. 15.

Ostapenko, Gavrilov, Fomin, Bold, Tsevenmyadag 1980 — Ornitologija 15, 61.

Paige 1965 — Ibis 107, 95–97.

Piechocki, Stubbe, Uhlenhaut, Sumjaa 1981 — Ann. Orn. 5, 110.

Pitelka 1948 — Condor 50, 259–269.

Polivanova u. Glushchenko 1975 — Orn. Studies Sov. Far East. (Trudy biol.-potschw. inst. Wladiwostok. n. s. 29). 249–250.

Poliwanowa u. Gluschtschenko 1977 — VII. Wsesojuzn. orn. konf., tez. dokl. 1. Kiew. 95.

Poljakow 1915 — Orn. Westn., suppl. 91.

Rand 1950 — Condor 52, 228–231.

Riley 1938 — Smith. Inst. U. S. Nat. Mus. Bull. 172, 92.

Sarudny 1910 — Orn. Westn. 1/2, 103.

Sarudny 1912 — Orn. Westn. 3/3.

Schkatulowa 1976a — Trudy Oksk. zapow. 13, 168–169.

Schkatulowa 1976b — Trudy Oksk. zapow. 13, 168.

Serventy u. Whittel 1976 — Birds West. Australia. Perth. 217.

Shkatulova 1979 — Ornitologija 14, 99–100.

Skrjabin 1967 — Ornitologija 8, 386.

Skrjabin u. Sumjaa 1980 — Prirodn. uslow. i resurs. nekot. rajon. MNR. Ulan-Bator. 97, 99.

Smith 1974a — Austral. Bird Watcher 5, 111–118.

Smith 1974b — Austral. Bird Watcher 5, 199–200.

Smythies 1960 — Birds of Borneo. Edinburgh-London. 204.

Sselewin 1928 — Uragus 8/3–4, 17.

Sselewin 1929 — Uragus 9/1, 19.

Sudilovskaya 1976 — Ornitologija 12, 257–258.

Sushkin 1938 — Birds Soviet Altai. 1. Moscow-Leningrad. 238–239.

Taczanowski 1893 — Faune orn. Sibérie Orient. St. Petersb., 936–938.

Takano 1972 — Tori 21, 342–345.

Tolchin et al. 1973 — Fauna a. Ecol. of Waders. 2. Moscow. 106.

Tolchin, Zastupov, Sonin 1977 — Ornitologija 13, 43–44.

Tolchin u. Melnikov 1977 — Westn. Zool. 1977/3, 16–19.

Uschakow 1913 — Orn. Westn. 4/1, 15.

FUNDORTLISTE

1.	Tara, Fluß Arkarka	N	Buturlin 1909, Dresser 1909, Uschakow 1913
—	Tara, Fluß Stepanowka	A	Hachlow 1932
2.	Krestinskij (SW Tjukalinsk)	A	Hachlow 1932, Dolguschin 1962, Gyngazow u. Milowidow 1977
3.	Kurort Karatschi (= Ozero Karatschi), See Ajskul	A	Dolguschin 1962
—	St. Karatschi	A	Gyngazow u. Milowidow 1977
4.	Mal. Tschany, Fluß Tschulym, Siedlung Tschulym (= Nishn. Tschulym)	Nc	Jurlow 1975, 1981, Jurlow et al. 1977
—	Mal. Tschany, Fluß Kargat, Siedlung Mischino	Ns	Jurlow 1975, 1981, Jurlow et al. 1977
—	See Goljanskoje (Sdwinsk)	Ns	Jurlow 1975, 1981, Jurlow et al. 1977
5.	Karassuk	AJN	Danilow u. Michantjew 1976, Iwanow 1980
6.	Plotnikowo, See Daurskoje (SSE Kamen)	Na	Welishanin 1926
—	Teleutskoje, See Teleutskoje (SSW Kamen)	Na	Welishanin 1926
7.	Kiprino	A	Dolguschin 1962, Gyngazow u. Milowidow 1977
8.	Siminskoje (= Zimino), See B. Rakity	N	Welishanin 1926, 1927
9.	Kalmyckije-mysy	A	Sselewin 1928
10.	Lokot	A	Poljakow 1915, Welishanin fide Sushkin 1938
—	Nowenskoje	A	Sselewin 1929, Sushkin 1938
—	Fluß Zolotuche (= Zolotucha)	A	Sselewin 1929
11.	Baktschar (6. VIII.)	↓	Gyngazow u. Milowidow 1977
12.	Minussinsk	A	Sushkin 1938
13.	Angara-Stausee Bratsk, Unginskij- und Obusa-Bucht	A	Lipin et al. 1968, Tolchin et al. 1973, Tolchin u. Melnikov 1977
—	Angara-Stausee Bratsk, Malyschowskij-Abschnitt, Siedlung Chaljuta	A	Tolchin u. Melnikov 1977
14.	Irkut-Mündung	A	Bezborodov 1979
15.	Baikal, Selenga-Delta	Nc	Tolchin u. Melnikov 1977, Vasilchenko u. Unzhakov 1982
16.	Baikal, Tschiwyrkuj-Bucht	A	Skrjabin 1967
17.	See Bolsch. Jerawnoje (NW Tschita)	Na	Schkatulowa 1976a, Shkatulova 1979
18.	Iwolginsk, See Stepnoje (SW Ulan-Ude)	A	Izmajlow u. Borowickaja 1973, Sudilovskaya 1976
—	Ulan-Ude	A	Schkatulowa 1976a, Shkatulova 1979
19.	Chövsgöl nuur (= Chubsugul), Mündung Fluß Chanch gol	A	Skrjabin u. Sumjaa 1980, Mauersberger mdl. 1980
20.	Hont nuur (49°30′ N 98°00′ E)	A	Kitson 1979
21.	Ajrik (= Ajrag) nuur	A	Sushkin 1938, Gladkow 1951, Kozlowa 1962
22.	Orog nuur (= Oroknor)	A	Kozlowa 1930
23.	Sangijn dalaj nuur (SE Chudshirt)	Ns	Liedel in Mauersberger et al. 1982, Liedel 1982, Fiebig u. Jander 1985
24.	Ögij nuur (= Ugij-nur)	A	Kitson 1979, Piechocki et al. 1981
25.	Tola-Bogen, See Cagan-caga	A	Kozlowa 1930
—	Fluß Chadasyn (= Charucha = Charuuchyn gol)	A	Pewcow 1883 fide Sushkin 1938, Gladkow 1951, Kozlowa 1962
26.	Bornuur	A	Kleinstäuber u. Succow 1978, Succow brfl. 1983
27.	Salzsee 20 km N Darchan	A	Kleinstäuber u. Succow 1978
28.	Bura-Sümpfe bei Kjachta	A	Lönnberg 1909
29.	See Barun-Torej, Borzja-Steppe	A	Schkatulowa 1976b
30.	Dalaj nuur (= Hulunchi), Kloster Lamagure (= Namagurim-Sume = Namakuli), Fluß Ortschun gol (= Urshun = Wurshunhe)	A	Pitelka 1948
31.	Tsurukhaitui (= Staracuruchajtuj)	A	Taczanowski 1893
32.	Zizikar (= Qiqihar), Fluß Nonni (= Nunjiang)	N	Lukaschkin 1934
33.	Chanka-See, Ostufer	Na	Leonovich 1973, Leonowitsch 1976, Polivanova u. Glushchenko 1975, Poliwanowa u. Gluschtschenko 1977, Gluschtschenko u. Schibnew 1977, 1979, Glustchenko 1982

Anmerkung

Zu P. 11: Gyngazow u. Milowidow (1977) melden nur, daß sie die Art am 6. August 1971 bei der Siedlung Baktschar antrafen. Es könnte sich dabei um nach der Brutzeit nordwärts verstrichene Vögel gehandelt haben.

Oekologie

Als Bruthabitate dienen weiträumige Flachwassersümpfe mit schlammigen Freiflächen im Uferbereich von Steppenseen, in breiten, stark vernäßten Flußauen und in Flußmündungen. So beschreibt WELISHANIN (1926) sie als weite, überschwemmte Wiesen auf sanft abfallenden Seeufern, bewachsen mit niedrigen Gräsern, mit *Salsola*, *Carex* und *Triglochin*, dazwischen zahlreiche Blänken freien Wassers und überall mit stark morastigem Boden. Für die Brutplätze im Tschany-Gebiet gibt JURLOW (1981) weite, von Frühjahrshochwassern überflutete *Calamagrostis*-Auen an. Die Nester befanden sich in den morastigsten Abschnitten der Aue, in Seichtwasserflächen mit dicker Schlammschicht und an Stellen, wo sich Vegetationsflächen mit Blänken abwechseln. Für das Selenga-Delta nennen TOLCHIN und MELNIKOV (1977) versumpfte, mit *Carex*, *Scirpus*, *Agropyron* und *Equisetum* bestandene Wiesen. Am Chanka-See entdeckte LEONOVICH (1973, 1976) den Vogel in der weiten, flach überfluteten, vorwiegend mit *Calamagrostris* und *Carex* bestandenen Sumpf- und Wiesenniederung am Ostufer. Er fand die Vögel vorwiegend in den Teilen der Niederung, die von weidenden Rindern zertrampelt worden waren, während unberührte geschlossene *Calamagrostis*-Flächen gemieden wurden. Auch GLUSCHTSCHENKO und SCHIBNEW (1979) fanden in den 70er Jahren Brutkolonien nur in den Überschwemmungsniederungen („Plawni") des Ostufers und sahen Konzentrationen nahrungsuchender Vögel in weiten Flachwassersümpfen und auf schlammigen Freiflächen im Uferbereich. In den ausgedehnten Reisfeldern der Chanka-Niederung trafen sie den Vogel nur zur Nahrungssuche an. Ähnliche Habitatmerkmale charakterisieren auch andere Plätze, an denen der Steppenschlammläufer zur Brutzeit angetroffen wurde (z. B. in der Mongolei; vgl. LIEDEL in MAUERSBERGER et al. 1982).

Viele Autoren heben die Empfindlichkeit der Art gegenüber starken Wasserstandsänderungen hervor. Für das Selenga-Delta mit seinen häufigen Überschwemmungen nennen TOLCHIN et al. (1977) eine jährliche Verlustrate bei Gelegen und Jungen von 75% und mehr. Die Austrocknung weiter Sumpfflächen führt zunächst zur Abnahme und schließlich zur völligen Abwanderung. Gründe sind das Verschwinden der für die Nahrungsuche notwendigen Morastflächen sowie die verstärkte Gefährdung der Brut durch weidendes Vieh. Die von Jahr zu Jahr wechselnden hydrologischen Bedingungen in der Steppenzone und die schnell voranschreitende Erschließung von Neuland (Trockenlegung von Feuchtgebieten) erklären die starke Fluktuation der Brutbestände und das sporadische Auftreten dieser stenöken Art an den verschiedenen Brutplätzen (siehe auch MELNIKOV 1979).

Ankunft an den Brutplätzen ab 1. Maidekade. Zug wurde aber im Selenga-Delta und bei Ulan-Ude noch bis in die letzte Maidekade bemerkt (TOLCHIN et al. 1977, SHKATULOVA 1979).

Sofort nach der Ankunft beginnt die Balz, deren Höhepunkt am Chanka-See in der 2. Maihälfte erreicht wird (GLUSCHTSCHENKO u. SCHIBNEW 1979, mit detaillierter Beschreibung von Boden- und Flugbalz).

Der Beginn der Eiablage liegt von Jahr zu Jahr unterschiedlich, offenbar in Abhängigkeit von der Witterung und vor allem von den hydrologischen Bedingungen. In der Chanka-Niederung fand LEONOVICH (1973, 1976) 1964 schon am 27. Mai Vollgelege, dagegen begann die Eiablage 1976 erst in der 1. Junidekade (am 18. VI. wurden 11 Nester gefunden, aus denen die Jungen am 2. VII. geschlüpft waren). 1975 wurden die ersten flüggen Jungen am 11. Juli beobachtet; eine Woche später war die Masse flügge (GLUSCHTSCHENKO u. SCHIBNEW 1979). Das von LUKASCHKIN (1934) am 9. Juni 1930 in der nördlichen Mandschurei gesammelte Vollgelege war schwach bebrütet. Im Selenga-Delta wurde 1973 das erste Ei am 27. Mai gefunden, die Eiablage endete am 3. Juni, und der Schlupf geschah vom 20.—23. Juni. Als Bebrütungsdauer wurden 22 Tage ermittelt (TOLCHIN u. MELNIKOV 1977). Am Jerawnoje-See begann der Schlupf 1974 am 5.—9. Juli; 1975 waren die Jungen am 4. Juli offenbar gerade geschlüpft (SCHKATULOWA 1976 a, 1979). In Westsibirien scheinen die Termine nicht sehr voneinander abzuweichen. Die von WELISHANIN (1926—1927) am 15. und 20. Juni 1913 sowie vom 11.—15. Juni 1914 gefundenen Gelege waren teilweise stark bebrütet; ein Dunenjunges sammelte er am 26. Juni 1923. Am Tschany-See schlüpften die Jungen 1974 in der 2. Junihälfte, die ersten am 16. Juni; ab Mitte Juli waren die Jungen flügge (JURLOW 1981).

Die Nester werden, meist gut durch die Vegetation getarnt, entweder im Seichtwasser auf umgebrochener vorjähriger Vegetation oder auf festem Grund (manchmal nur ein kleiner Erdhügel oder eine Seggenbülte) errichtet. Im ersteren Fall sind es recht große, lockere, aber akkurate Bauten aus frischen und trockenen Stengeln und Blättern von Sumpfpflanzen mit einer zarteren Muldenauskleidung. Die Wassertiefe kann am Nest bis zu 25 cm, die Höhe des Nestes über dem Wasser 8—12 cm betragen. Im anderen Fall werden die Nester in kleinen Bodenvertiefungen angelegt, die in Abhängigkeit von der Bodenfeuchtigkeit mehr oder weniger stark ausgekleidet werden und so — beispielsweise nach Aufstockung bei langsamem Wasseranstieg — ebenfalls eine beträchtliche Höhe (bis 15 cm) erreichen können. Der Muldendurchmesser beträgt 10—15 cm, die Muldentiefe 2,5—5 cm (WELISHANIN 1926, LEONOVICH 1973, 1976, TOLCHIN u. MELNIKOV 1977, JURLOW 1981).

Das Vollgelege besteht aus 2 Eiern. Nur LUKASCHKIN (1934) berichtet über den Fund eines Dreiergeleges. Bei dem von MAKATSCH (1979) beschriebenen Dreiergelege aus dem Selenga-Delta (15. VI. 1977; trotz abweichender Datierung eventuell identisch mit dem von VASILCHENKO u. UNZHAKOV, 1982, gemeldeten Gelege) deuten die viel zu geringen Eimaße ($D_3 = = 42{,}57 \times 31{,}37$ mm) auf eine mögliche Fehlbestimmung hin.

In der Literatur werden folgende Eimaße angegeben:

Westsibirien — WELISHANIN (1926): 47,5—54,0 × 32,5—34,5; D_{11} = 49,59 × 33,45 mm.
JURLOW (1981): 49,0—51,5 × 32,0—35,4; D_6 = 50,07 × 33,32 mm.
Transbaikalien — SCHKATULOWA (1976a): 47,1—49,4 × 31,3—32,9; D_4 = 48,4 × 31,5 mm.
TOLCHIN u. MELNIKOV (1977): 47,65—52,0 × 33,25—34,2; D_{21} = 49,40 × 33,68 mm.
Primorje — LEONOVICH (1973, 1976): 46,6—48,7 × 31,4—33,5; D_6 = 47,73 × 32,63 mm.
GLUSCHTSCHENKO u. SCHIBNEW (1979): 46,8—52,0 × 32,0—34,7 mm (n = 20).

Die Färbung der Eier variiert deutlich sowohl im Grundton als auch in Ausmaß und Farbe der Fleckung (LEONOWITSCH 1976). Auf einer relativ hellen Grundfarbe, die als bräunlich oder gelblich-sandfarben, gelblich-grau oder hellolivfarben beschrieben wird, finden sich — oft am stumpfen Pol verdichtet — hell- bis dunkelzimtfarbene Flecke und Strichelchen (WELISHANIN 1926, TOLCHIN u. MELNIKOV 1977, JURLOW 1981).

Beide Partner brüten. In der Brutzeit entfernen sich die Vögel nicht weit von ihrem Nest, sondern suchen in der Nähe nach Nahrung (JURLOW 1981). Das hängt aber sicherlich von den jeweiligen Bedingungen ab, denn GLUSCHTSCHENKO und SCHIBNEW (1979) erwähnen, daß 1976 am Chanka-See Brut- und Nahrungsplätze 4 km voneinander entfernt waren und daß die abgelösten Vögel gemeinsam den Nahrungsplatz anflogen.

Die Jungen werden von beiden Eltern geführt. Nach dem Flüggewerden der Jungen wird der Brutplatz schnell verlassen, obgleich es bei Vorhandensein günstiger Nahrungsbedingungen noch zu kurzzeitigen Ansammlungen kommen kann.

Der Schlammläufer neigt zu lockerer Koloniebildung, wobei aber jedes Paar ein kleines Territorium behauptet. Dies wurde schon von WELISHANIN (1926) beschrieben, der auch die von anderen Autoren später immer wieder hervorgehobene Bindung an Lariden-Kolonien (vor allem *Chlidonias leucopterus*, *Ch. niger* und *Larus minutus*) erwähnt. Weitere regelmäßige Brutnachbarn sind u. a. *Vanellus vanellus*, *Tringa totanus*, *T. stagnatilis*, *Gallinago gallinago* und *Limosa limosa*. SHKATULOVA (1979) fand 5 Nester auf einer Fläche von 300 × 350 m; die Entfernung der einzelnen Nester voneinander betrug 35—61 m. TOLCHIN und MELNIKOV (1977) geben für das Selenga-Delta Nestabstände von 30 bis 100—120 m an. 1976 fanden GLUSCHTSCHENKO und SCHIBNEW (1979) auf einem schmalen Streifen festen Landes am ansonsten überschwemmten Chanka-Ostufer 11 Nester, die nur 4—30 m Abstand voneinander hatten.

Zum Verhalten in der Periode des Brütens und der Jungenführung sei auf die Ausführungen von WELISHANIN (1926), LUKASCHKIN (1934), LEONOVICH (1973, 1976), TOLCHIN und MELNIKOV (1977), SHKATULOVA (1979), JURLOW (1981) und vor allem GLUSCHTSCHENKO und SCHIBNEW (1979) verwiesen.

Die Nahrung suchen sie ausschließlich durch Sondieren im morastigen Untergrund, oft auch im Seichtwasser. Dabei wird der Schnabel im rechten Winkel bis zur Basis in den weichen Boden eingestochen. Es existieren nur wenige Angaben zur Nahrung. Man fand kleine Fische, Insektenlarven, Oligochaeten, aber auch Graswürzelchen und kleine Steinchen (DRESSER 1909, WELISHANIN 1926, MITROPOLSKIJ 1978, OSTAPENKO et al. 1980). SMITH (1974a, b) sah wiederholt Erbeuten bis zu 10 cm langer Schlickwürmer, wobei die Vögel manchmal bis zum Bauch in das seichte Wasser gingen.

Wanderungen

Das Wintergebiet des Steppenschlammläufers ist bislang nur in groben Zügen bekannt, was einmal an der Seltenheit der Art liegt, zum anderen aber wohl auch in gelegentlichen Verwechslungen mit der sehr ähnlichen *Limosa lapponica* begründet ist. Es erstreckt sich in der Hauptsache zwischen der indischen Ostküste und der Malaiischen Halbinsel. Die Großen Sunda-Inseln sind offenbar mit eingeschlossen, obgleich der Vogel nur an der Nordküste von Djawa (= Java) häufiger festgestellt wurde (BARTELS 1938). Auf Kalimantan (= Borneo), Sumatera (= Sumatra) sowie auf den Philippinen wurde der Schlammläufer bisher nur vereinzelt erbeutet (KOZLOWA 1962, SMYTHIES 1960); von Neuguinea liegt bisher noch kein Nachweis vor (CRAWFORD 1972). Daß das Überwinterungsgebiet weiter ausgedehnt ist, lassen einige Feststellungen an den Küsten Australiens vermuten, wo der Vogel erstmals am 16. Oktober 1971 an der Nordküste bei Darwin (Frances Bay) gesammelt wurde (CRAWFORD 1972). Erstaunlicherweise wurden ab 1973 Einzeltiere an der australischen Ostküste (Queensland, New South Wales) und sogar an der Südküste in der Nähe von Melbourne (Victoria) beobachtet (SMITH 1974a, b, KLAPSTE 1975, GARDNER u. GARDNER 1976, LANE 1978). Neue Funde scheinen die Art inzwischen an der NW-Küste Australiens als häufigen Wintergast auszuweisen (SERVENTY u. WHITTEL 1976, LANE et al. 1983; siehe auch LIEDEL 1982).

Möglicherweise erstreckt sich das Überwinterungsgebiet in gleicher Weise weiter westwärts. Darauf deuten März-Feststellungen an der Südküste des Persischen Golfes bei Schardschah (= Ash Shariqah) sowie eine Beobachtung Ende August an der SW-Spitze der Arabischen Halbinsel bei Aden hin (MENGEL 1948, PAIGE 1965; zur Wertung dieser Nachweise siehe LIEDEL 1982). Sogar für den afrikanischen Kontinent liegt ein datierter Nachweis vor: 20.—21. November 1966 Lake Nakuru, Kenia (BRITTON 1980). Zwei Feststellungen in Äthiopien sind offenbar nicht ganz gesichert (MOREAU 1972, CURRY-LINDAHL 1981).

Über Verlauf und Richtung der Wanderungen lassen sich auf Grund spärlicher Beobachtungen nur Vermutungen aussprechen. Offenbar verläuft der Zug sowohl über das Innere des asiatischen Kontinents als auch entlang der Meeresküste.

Die Brutplätze werden bald nach dem Flüggewerden der Jungen verlassen. Die Letztbeobachtungen im Brutgebiet liegen in der 1. Augusthälfte; spätere Feststellungen sind Ausnahmen.

Ziehende Einzelvögel wurden am 29. September 1908 bei Taschkent und am 19. August 1909 nördlich der Stadt Turkestan gesammelt (SARUDNY 1910).

Am 27. September 1972 beobachtete MITROPOLSKIJ (1978) 2 Tiere im Syr-Darja-Tal bei Tschinaz (SW Taschkent) und sammelte ein Belegstück. Diese Belege (sowie zwei Frühjahrsnachweise), die sicherlich aus dem westsibirischen Teilareal stammen, stützen die Annahme, daß die Vögel dieser Population in Südwestrichtung abziehen, wobei sie dem Mittellauf des Syr-Darja folgen und anschließend den Iran, Afghanistan oder Pakistan überqueren müssen. Eventuell liegt das Wintergebiet dieser Vögel am Persischen Golf und an der Küste des Arabischen Meeres, was die beiden Beobachtungen im Süden der Arabischen Halbinsel verständlich machen würde.

Südwärts gerichtete Zugbewegungen wurden in der Nordmongolei in der 2. Augusthälfte registriert (KLEINSTÄUBER u. SUCCOW 1978). In Japan gelang im August 1974 eine Feststellung bei Osaka (Orn. Soc. Japan 1976); von der koreanischen Halbinsel fehlt jeder Hinweis.

In China wurden Vögel sowohl entlang der Küste als auch an den großen Flußsystemen Zentralchinas (Han-kou = Wuhan, Prov. Hubei) festgestellt (LA TOUCHE 1933; siehe auch Karte bei CHENG 1976). WILDER und HUBBARD (1938) erbeuteten schon am 30. Juli 1923 ein Ex. bei Peitaiho (= Beidaihe), Prov. Hebei (früher Chili). Für Bälge vom selben Ort nennt PITELKA (1948) den Zeitraum 14. bis 18. August. Aus der südostchinesischen Küstenprovinz Fujian gibt LA TOUCHE (1933) Funde von der Mündung des Minjiang (22. IX. 1 Ex.) und bei Fuzhou (Oktober 2 Ex.) an.

Aus Vietnam nennt DELACOUR (1929) einen Beleg (Hue, 19. IX. 1925).

Im Wintergebiet auf der Halbinsel Malakka treffen die ersten Vögel schon recht früh ein: 1 Ex. gesammelt am 1. September 1911 bei Nakhornsrithamrat (RILEY 1938), 1 Balg vom 30. August von der Lacon-Halbinsel (PITELKA 1948). Weitere Nachweise datieren vom 27. September (KOZLOWA 1962).

Im frühen September wurde der Vogel in den Khasi-Hills bei Shillong (Assam) gesammelt (ALI u. RIPLEY 1969), was in Verbindung mit späten Frühjahrsnachweisen zu weiter unten dargelegten Schlußfolgerungen führt.

Die zeitigste Herbstfeststellung an der australischen Ostküste stammt vom 19. September 1977 (Cairns, Queensland; LANE 1978); mehrere andere Nachweise gelangen im Oktober.

Nimmt man die Assam-Funde aus, so ist der Schlammläufer aus Indien bisher nur von wenigen Plätzen im Bereich der Ostküste bekannt (Madras, Calcutta, Raipur). Im angrenzenden Burma wurden 2 Vögel am 29. September bei Kyeikpadein (= Kyauk-padaung) am Nordabfall des Pegu-Gebirges, ein dritter bei Rangoon erbeutet (OATES 1883, BLANFORD 1898). Sehr bemerkenswert sind Beobachtungen und Funde weitab vom Meer in Assam (Dibrugarh, Lakhimpur, Shillong; BAKER 1929 fide HACHLOW 1932). Diese Nachweise verdienen besondere Beachtung, da sich aus ihnen Vermutungen über den Zugweg ableiten lassen. Die beiden ersten Orte liegen in NE-Assam am Südfuß des Himalaya im Flußsystem des Brahmaputra und seiner Nebenflüsse unmittelbar nach dem Durchbruch durch die Hochgebirgsbarriere. Vermutlich ziehen die Schlammläufer aus dem mongolisch-transbaikalischen Teilareal über das zentralasiatische Binnenland, wobei sie offenbar die Hochgebirgswüsten Zentraltibets umgehen, nicht aber die Gebirgsketten Ost-Tibets und Szetschuans (= Sichuan) scheuen. Sie überwinden den östlichen Himalaya im Bereich der in Nord-Süd-Richtung verlaufenden gewaltigen Durchbruchstäler der in Tibet entspringenden Ströme Tsangpo (Brahmaputra), Salween und Mekong. So werden die Nachweise in NE-Assam, aber auch im Innern Burmas verständlich. Für diese Hypothese spricht auch der Hinweis von ALI und RIPLEY (1969), daß die Exemplare, die Anfang September und Ende April bei Shillong gesammelt wurden, vermutlich auf dem Zuge waren. Dieselben Autoren vermuten, daß der Schlammläufer häufiger in Indien vorkommt als die wenigen publizierten Angaben annehmen lassen, weil die Art unkritisch unter Limosen übersehen wird. Sie führen an, daß der Vogel im Winter 1966 am Lake Chilka (Ostküste von Orissa) nicht ungewöhnlich war.

Auf der Halbinsel Malakka wird der Schlammläufer im Winter an der Ostküste von Samutprakan bis Nakhornsrithamrat beobachtet, ebenso sind Nachweise von der Westküste bekannt (RILEY 1938, DEIGNAN 1963). Im Mekong-Delta wurde am 14. November 1980 ein Trupp bei Minh-hai beobachtet (FISCHER 1983).

Der Abzug aus dem Winterquartier scheint schon im März zu beginnen, der Hauptzug folgt aber erst im April. In China wurden Vögel im Mündungsgebiet des Yangsidjiang, in der Nähe von Shanghai sowie im Raum Han-kou (= Wuhan) im März und im April festgestellt (LA TOUCHE 1933, KOZLOWA 1962).

Im Wintergebiet an der Ostküste der Halbinsel Malakka wurden noch in der 3. Aprildekade und sogar noch im Mai Tiere gesammelt. 30 Mai-Vögel trugen alle das Brutkleid (ROBINSON u. CHASEN 1936 fide KOZLOWA 1962, PITELKA 1948). Es ist durchaus möglich, bisher aber noch nicht bewiesen, daß noch nicht zur Fortpflanzung schreitende Tiere im Winterquartier bleiben und dort umherstreifen.

Im Wintergebiet an der australischen NW-Küste (bei Port Hedland) wurde noch Anfang April 1982 ein größerer Trupp festgestellt. Von 130 Vögeln trugen 70% das Brutkleid (LIEDEL 1982 fide R. E. JOHNSTONE).

Aus Mittelasien liegen aus dem Syr-Darja-Tal im Raum Taschkent zwei April-Nachweise vor: 17. April 1909 und 25. April 1911 (SARUDNY 1910, 1912).

In der Mongolei sah KOZLOWA (1930) am Orog nuur 1926 die ersten Vögel am 18. Mai, ein zweiter Trupp traf am 26. Mai ein.

In Japan wurde ein Vogel am 23. Mai 1972 im NE-Teil von Honshu am Ogawara-See (Präf. Aomoro) festgestellt (TAKANO 1972).

Auf dem Zuge kommt der Schlammläufer in ähnlichen Habitaten wie zur Brutzeit vor. Im Winterquartier scheint er vor allem schlammige Wattflächen an Meeresküsten, aber auch küstennahe sumpfige Niederungen an Flußmündungen und Lagunen zu bevorzugen. Hauptbedingung ist wie an den Brutplätzen ein weicher schlammiger Untergrund, der die arteigentümliche Nahrungssuche ermöglicht.

XIV

1987

Alectoris barbara (Bonaterre)

bearbeitet von

K. WUNDERLICH

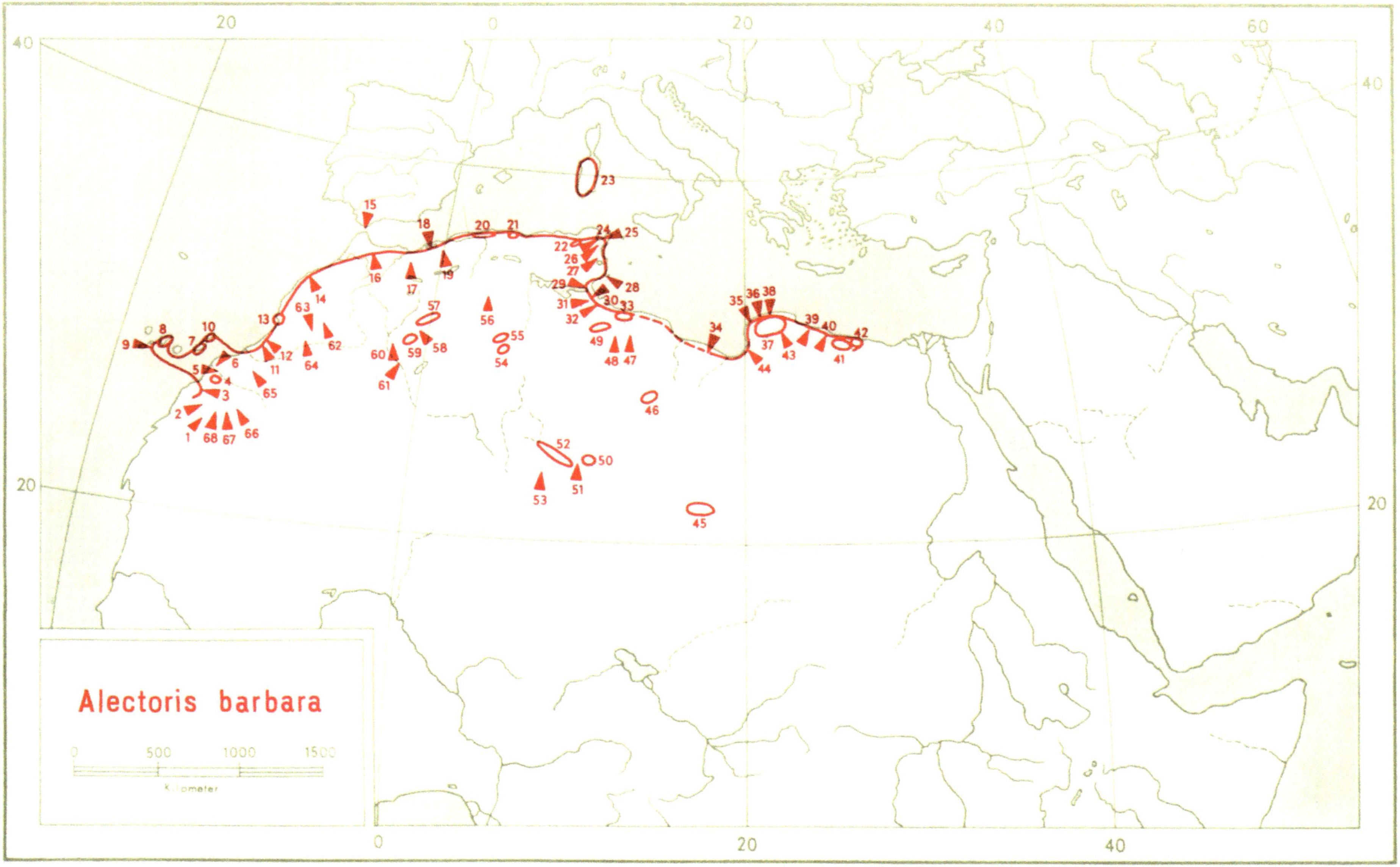
Alectoris barbara
0 500 1000 1500
Kilometer

A. b. barbara Reichenow in der nördlichen Cyrenaica, Richtung Ost auf dem Libyischen Plateau bis zum Raum Matruh (NW-Ägypten). Durch farblich, metrisch und strukturell deutlich abweichende Federpartien von den anderen Unterarten charakteristisch unterschieden (vgl. im Detail bei Vaurie 1965).

Lavauden (1930) kennzeichnete die örtlich begrenzte und nach N weit isolierte Teilpopulation des Tassili des Ajjer (P. 52) als eventuell reliktär und sonderte sie subspezifisch — *A. b. duprazi* (ibid. p. 242/243). Laut Laferrère (1968) ist ihr Bestand inzwischen auffallend reduziert. Das Vorkommen reicht vertikal von 1750—1840 m.

Valverdes Spezialkarte (1957, p. 158) dokumentiert Auftreten (gemäß Informationen) westlich des P. 1 auf unserer Karte, weitere nördlich P. 66. Insofern erführe die Arealperipherie küstenwärts und nach Osten gegen den Sahara-Rand wahrscheinlich regelrechte Abrundung.

Es wurde darauf verzichtet, die Areal-Südgrenze durchgängig zu fixieren. Offensichtlich geschieht hier starkes Aufsplittern der überwiegend flächendeckenden Vorkommen diesseits der montanen Züge (vgl. Kart bei Bundy 1976, p. 86).

Sultana et al. (1975) erwähnen den schönen Vogel als im 19. Jahrhundert auf Malta eingeführt. Neuere Daten gibt es dazu allerdings nicht.

Was die Höhenverbreitung angeht, so sind die Angaben relativ spärlich. Scheint als Brutvogel in der Felsstufe, wenn überhaupt dort vorhanden, sehr selten. Bezzels Feststellungen (1957) für Sardinien, wonach sich die Art hauptsächlich in mittelhohen Lagen und niedrigem Hügelland zeige, dürften allgemein gelten. Walter (1965) vermerkt für Sardinien 200—1000 m, Brosset (1961) für Ostmarokko 300—1600, in deckender Vegetation auch bis 3000 m (Bou Iblane). Tassili-Vorkommen siehe oben.

Aussagen über Bestandsziffern werden grundsätzlich dadurch erschwert, daß *A. barbara* allenthalben bejagt wird (z. B. in Marokko wichtigstes Flugwild, vgl. bei Deetjen 1970). Mehrfach wurde außerordentlicher Rückgang seit den 40er Jahren konstatiert. Finlayson (1983) schätzte den 1980er Gibraltar-Bestand auf 21 Paare.

Oekologie

Die Habitatpräferenz zielt im wesentlichen auf felsige und mit Gestrüpp überzogene Berghänge, Plateaus und Schluchten mit anstehendem Gebüsch, Wadis mit Buschwerk, auch auf Schuttströme in Halbwüste oder Wüste.

Angaben zur bevorzugten Pflanzendecke im Südwest-Areal bei Valverde (1957). Löhrl (1982) traf den Vogel im Riff auf steinigen Halden mit Steineichengestrüpp. Etchécopar und Hüe (1957) fanden die Art auf den Kanaren nicht sonderlich stenotop; sie war von der Küste bis in die hochmontane Region in Feldern, Barrancos und lichten Kiefernwäldern anzutreffen. Ökologische Daten in Ostmarokko bei Brosset (1961, p. 39). Auf Sardinien fand sie Steinbacher (1952) Anfang der 50er Jahre noch zahlreich vertreten, an mit Macchia bewachsenen Geröllhängen im Herbst bis auf wenige hundert Meter an die Dörfer herankommend; bei Iglesias auch in den Sandhügeln der Vorberge. Etwa ein Jahrzehnt darauf (Winter 1961/62) kennzeichnete Walter (1965) sie als im Hügel- und Bergland der Insel noch vorhanden. 1945 einsetzendes massenhaftes Bejagen hatte den Bestand gezehntet. Die Restpopulation lebte schwer aufspürbar in dichter Macchie. „Nur in hohen und abgelegenen Gebirgslagen sowie Aufforstungszonen mit Jagdverbot ist das Felsenhuhn zahlreicher und regelmäßiger zu beobachten" (l. c.). Steinbacher (1956) bemerkte im sardischen Frühherbst N Cagliari Exemplare bei einem ruinenhaften Gehöft in einer Landschaft voller Felstrümmer, trockenem Ginster, hartem Gras, Opuntien und inselartiger Macchie. Weitere Angaben bei Bezzel (1957, siehe dort).

Felsigen Grund, bedeckt mit Gras, niedrigem Gebüsch, Olivenbäumen; schütteren Wald, Bergflanken, Weingärten, Kulturen der Küstenebenen, Wüstenrand nennen Bannerman (1921), Ticehurst und Whistler (1938) und Payn (1948) als Aufenthaltsorte in Algerien und Tunesien. Nach Bannerman (1927) in der Kroumirie in kleiner Kopfzahl in Tälern und auf mehr offenen Hügelseiten mit hartem Gras und Felspartien. In den Korkeichenwäldern der Tallagen ziemlich selten, in Kiefernwäldern zahlreicher, gelegentlich im Unterwuchs von *Cistus*. Dathe (mdl. Mitt.) sah die Art nicht selten am Stadtrand von Algier, auf dem felsigen, bebuschten Gelände des Zoos — in kleinen Familienverbänden (5—10 Ex.) und nicht übermäßig menschenscheu.

Im Nordosten des Areals (Libyen) hauptsächlich in steiniger Halbwüste, kargen Wadis und auf felsigen Abhängen.

Gepaarte Vögel schon im Februar. In aller Regel Bodenbrüter, Brutzeit — März bis Mai/Juni; in höheren Lagen in Abhängigkeit von der Entwicklung der Vegetation später als in niedrigen. Die Gelegegröße schwankt zwischen 6—7 und 18; gewöhnlich 10—15 (vgl. u. a. Bannerman 1921, Hartert 1923, Zedlitz 1926, Heim de Balsac 1926, Hartert 1926, Bannerman 1927, Payn 1948, Steinbacher 1952, Stanford 1954, Valverde 1957, Heim de Balsac u. Mayaud 1962, Bannerman 1963).

Ernährt sich überwiegend vegetabilisch — Beeren von *Rhus* und *Juniperus*, Sämereien, kleine Zwiebeln. Auch Käfer, kleine Mollusken und Orthopteren werden aufgenommen (siehe Hartert 1923, Stanford 1954, Valverde 1957).

LITERATUR

Arias de Reyna u. Alvarez 1974 Doñana, Acta Vert. 1, 69–82.
Bannerman 1921 Ibis 3, 403.
Bannerman 1927 Ibis 3 (12), 206–208.
Bezzel 1957 Anz. Orn. Ges. in Bayern 4, 624–625.
Bierman 1959 L'Oiseau 29, 15, 107.
Blondel 1962a in Ledant et al. 1981
Bosano 1981 Alectoris 1 (1979–80), 5.
Brosset 1956 Alauda 25, 163.
Brosset 1961 Trav. Inst. Sci. Chérs. Ser. Zool. 22, 38–39.
Bundy 1976 Birds of Libya. London. 35, 86.
Comolli u. Gentili 1973 Rivista Ital. Orn. 43, 124.
Corti 1959 Orn. Beob. 55, 187.
Cullen, Gutton, Horridge u. Peirson 1952 Ibis 94, 83.
Cuyas Robinson 1971 Ardeola. Spez.-Bd., 123.
Dalloni 1936 Mém. Acad. Sci. 62, 41.
Deetjen 1970 Gefiederte Welt 94, 143.
Dupuy 1969 L'Oiseau 39, 150.
Ennion u. Ennion 1962 Ibis 104, 166.
Etchécopar u. Hüe 1957 L'Oiseau 27, 321.
Finlayson 1981 Alectoris 1 (1979–1980), 19.
Finlayson 1983 Alectoris 5, 5.
Hartert 1923 Novit. Zool. 30, 30–31.
Hartert 1926 Bull. Soc. Sci. Nat. Maroc 5, 300.
Hartert u. Jourdain 1923 Novit. Zool. 30, 145.
Hartert u. Steinbacher 1938 Vögel paläarkt. Fauna. Ergänzungsband. Berlin. 528–529.
Heim de Balsac 1926 Soc. Hist. Nat. Afrique du Nord 1, 115–116.
Hooker 1958 Ibis 100, 448.
Johnston, Campbell u. Rolwegan 1967 Ibis 109, 169.
Kerautret 1967 L'Oiseau 37, 226.
Knecht 1960 Anz. Orn. Ges. in Bayern 5, 539.
Lack u. Southern 1949 Ibis 91, 623.
Laferrère 1968 Alauda 36, 264.
Lathbury 1970 Ibis 112, 32.
Lavauden 1930 Alauda 2, 241–245.
Ledant, Jacob, Jacobs, Malher, Ochando u. Roché 1981 Gerfaut 71, 327.
Löhrl 1982 Vogelwelt 103, 71.
Lombard 1965 Alauda 33, 13.
Lynes 1933 Mém. Soc. Sci. Nat. Maroc 36, 57.
Makatsch 1957 Vogelwelt 78, 23.
Malbrant 1954 L'Oiseau 24, 13.
Masarey 1928/29 Orn. Beob. 26, 30.
Meinertzhagen 1940 Ibis 4 (14), 232.
Meise 1959 Abh. Verh. Naturwiss. Verein Hamburg 3 (1958), 92.
Moltoni 1935 Riv. Ital. Orn. 5, 138.
Moltoni 1971 Riv. Ital. Orn. 41, 259–260.
Mosquera u. Cortes 1978 Alectoris 1, 5.
Mountfort 1960 Ibis 102, 619.
Payn 1948 Ibis 90, 21.
Rothschild u. Hartert 1923 Novit. Zool. 30, 88.
Spanò 1974–75 Ann. Mus. Cio. Stor. Nat. 80, 286–293.
Stanford 1954 Ibis 96, 456.
Steinbacher 1952 Vogelwelt 73, 208.
Steinbacher 1965 Senck. biol. 46, 434–435.
Sultana, Gauci u. Beaman 1975 Birds of Malta. Malta. 153.
Ticehurst u. Whistler 1938 Ibis 2 (14), 746.
Toschi 1947 Riv. Ital. Orn. 17, 10.
Trotter 1970 L'Oiseau 40, 162.
Valverde 1957 Aves del Sahara Español. Madrid. 157–163.
Vaurie 1965 Bird Palearct. Fauna. Non-Passeriformes. London. 275–277.
Volsøe 1951 Vidensk. Medd. Naturhist. Foren. Kbn. 113, 1–151.
Walter 1965 J. Orn. 106, 90, 97.
Watson 1962 Evolution 16, 11–19.
Westermann 1961 Anz. Orn. Ges. in Bayern 6, 57.
Zedlitz 1926 Beitr. Fortpflanz.-Biol. Vögel 2, 63.

Alectoris barbara (Bonaterre)

Felsenhuhn

Gliederung und Verbreitung

Spanò (1974–75) hat die Verbreitung der Arten des Genus *Alectoris* Kaup schematisiert (vgl. Karte p. 287) und vermutet 2 Entstehungszentren der rezenten 7 Species. Watson (1962) umriß die sympatrischen Verhältnisse.

Die Nominatform *A. barbara barbara* Bonaterre bewohnt Marokko, südwärts wahrscheinlich bis zum Anti-Atlas, und geht ostwärts durch das nördliche Algerien bis Nord- und Zentral-Tunesien. Lebt auch auf Sardinien (hier möglicherweise von Römern eingebürgert), um Gibraltar (eingeführt), ist gesammelt worden in Süd-Portugal. Geht allgemein südwärts in die fahlere Unterart *A. b. spatzi* über.

A. b. spatzi Reichenow ist im ganzen blasser, mehr sandfarben, oberseits weniger bräunlich, rötlich braun am Kopf und Kragen, eher schokoladenbraun. Sie lebt im südwestlichsten Marokko, vermutlich in Spanisch Sahara, sicher in Zemmur. Ferner in Ost-Marokko südlich des Atlas, in Algerien ab dem Südabfall des Saharischen Atlas, in Süd-Tunesien und nördlichem Tripolitanien, südwärts über Ghardaïa hinaus und im Tassili des Ajjer.

A. b. koenigi Reichenow – grauer, auf Rücken und an Kopfseiten geringer bräunlich als die Nominatform. Auf den Kanaren.

FUNDORTLISTE

1.	Sbayera (8. VI.)		Valverde 1957
2.	El Meseied (Ende V.)		Valverde 1957
3.	Grara Ahel Brahimat (31. V.)		Valverde 1957
4.	El Aium (V.)	c	Valverde 1957
5.	Dora (27. VI.)		Valverde 1957
6.	Cabo Juby (6. IV., Spuren)	c	Valverde 1957
7.	Fuerteventura (VIII./IX.)		Hooker 1958
		B	Etchécopar u. Hüe 1957, Cuyas Robinson 1971
8.	Tenerife	B	Vaurie 1965, Mountfort 1960, Cuyas Robinson 1971
—	in Wüste nahe Südküste	A	Lack u. Southern 1949
—	bei Bajamar (II.)		Ennion u. Ennion 1962
9.	Gomera	B	Vaurie 1965, Cullen et al. 1952, Knecht 1960, Cuyas Robinson 1971
10.	Lanzarote	B	Vaurie 1965
—	Straße zw. Jameos del Aqua u. Orzola (18. VIII.)		Johnston et al. 1967
—	nahe Maguez	A	Johnston et al. 1967
—	Bergregion des NE	c	Trotter 1970
—	S Falta	A	Cuyas Robinson 1971
11.	bei Goulimine	c	Meinertzhagen 1940
12.	ca. 20 km N Bou Izakarn	N	Meise 1959
13.	Küste zw. Agadir u. Anzizen	Ac	Bierman 1959
—	Argana	A	Bierman 1959
14.	Mazagan	A	Bierman 1959
15.	Gibraltar	BJ	Vaurie 1965, Lathbury 1970, Mosquera u. Cortes 1978, Finlayson 1981
16.	W Ketama	A	Löhrl 1982
17.	S Massif des Beni Snassen	As	Brosset 1956
18.	Gebirgswald von Msjlah	N	Makatsch 1957
—	Nordhang dieses Waldes	c	Makatsch 1957
19.	nahe Marais de la Macta	N	Makatsch 1957
20.	zw. Algier u. Ténès (27. IV.)		Makatsch 1957
—	Zoo-Gelände von Algier	A	Dathe mdl.
21.	N Große Kabylei	Ac	Kerautret 1967
—	Nähe von Azazga	c	Rothschild u. Hartert 1923
22.	Kroumirie	As	Bannerman 1927
—	unterhalb Le Sources	A	Bannerman 1927
23.	Sardinien	B	
—	bei Porto Conte (17. V.)		Corti 1959
—	bei Macomer	A	Bezzel 1957
—	um Siliqua	A	Bezzel 1957
—	bei Ploaghe (Sassari)	A	Westermann 1961
—	Tavolara	A	Moltoni 1971
—	Molara	A	Moltoni 1971
—	Molarotto	B	Moltoni 1971
—	S. Antioco (22. VI.)		Moltoni 1971
—	Iglesias	A	Steinbacher 1952
24.	bei Tunis	B	Payn 1948
25.	am Bou Kornein (= Bou-Kornine)	A	Masarey 1928/29
26.	Djebel Zaghouan	A	Bannerman 1927
27.	bei Kairouan (Ruf)		Bannerman 1927
28.	Kerkennah Isl.	A	Bannerman 1927

29.	Bled Thalah	B	Zedlitz 1926
30.	Dünen vor Gabès (Ruf)	A	Lombard 1965
31.	Qued Nakhla	A	Coll. Zool. Mus. Berlin
32.	80 km S Gabès	A	Zedlitz 1926
—	S Dehibat	A	Bannerman 1927
33.	Raum Tripolis	A	Hartert u. Steinbacher 1938
—	Oasi di Rumia	A	Moltoni 1938
—	Garian (XII.-II.)		Toschi 1947
34.	Marble Arch	A	Stanford 1954
35.	plain of Driana (zw. Benghasi u. Tokra)	A	Hartert 1923
36.	Barce (= El Merj)	A	Stanford 1954
—	Carmusa track	A	Stanford 1954
37.	Jebel Akhdar	Bc	Steinbacher 1965, Bundy 1976
—	N Marawa	A	Steinbacher 1965
38.	Cyrene (= Shahat)	A	Stanford 1954
—	Slonta	A	Stanford 1954
39.	Tobruch (XII.–II.)		Toschi 1947
40.	Bardia (XII.–II.)		Toschi 1947
41.	nördliches Libysches Plateau	B	Vaurie 1965
42.	Matruh-Gebiet	B	Vaurie 1965
43.	Berge von Mechili (= Mkhili = Mekelli)	A	Hartert u. Steinbacher 1938, Stanford 1954
44.	Agedabia (XII. –II.)		Toschi 1947
45.	Tibesti	A	Dalloni 1936
—	Zouar-Region (I.)		Malbrant 1954
46.	Djebel es Soda (XII.–II.)		Toschi 1947
47.	Beni Ulid (XII.–II.)		Toschi 1947
48.	Mizda (XII.–II.)		Toschi 1947
49.	Djebel Nefusa (XII.–II.)		Toschi 1947
50.	um Ghat	B	Bundy 1976
51.	Djanet (= Ft. Charlet)	A	Lavauden 1930
—	Umgebung von Djanet (I).		Laferrère 1968
52.	Tassili des Ajjer	N	Lavauden 1930
		B	Laferrère 1968, Ledant et al. 1981
—	beim Qued Ihmirou	A	Laferrère 1968
—	Ihréri-Canyon (25. XI.)		Laferrère 1968
—	Qued Essandilene	c	Laferrère 1968
—	um Edariéne	c	Laferrère 1968
53.	70 km N Tamanrasset (15. II.)		Ledant et al. 1981 fide Malher
54.	Region Hassiel Abiod (S Ghardaïa)	B	Vaurie 1965
55.	Mzab	B	Vaurie 1965
—	Berriane	s	Ledant et al. 1981
56.	bei Laghouat (X.)		Heim de Balsac 1926, Ticehurst u. Whistler 1938
57.	Ksours-Berge	s	Blondel 1962a
58.	Aïn el Hadjadj	s	Ledant et al. 1981
59.	Figuig-Region	B	Brosset 1961, Ledant et al. 1981
60.	Abadla	A	Dupuy 1969
61.	N Beni Abbés	A	Dupuy 1969
62.	d'Quarzazate	A	Bierman 1959
63.	Taznackt	A	Meinertzhagen 1940
64.	Jebel Ouriol (21. X.)	c	Meinertzhagen 1940
65.	Smara (15. u. 16. VI.)		Valverde 1957
66.	Tamreikat	A	Valverde 1957
67.	Guengun	A	Valverde 1957
68.	Zemmur (Anfang V.)		Valverde 1957

Wanderungen

Standvogel. Schließen sich allerdings bereits kurz nach der Brutzeit zu Ketten zusammen, die auch in niedrigere Lagen und dann bis an den Rand menschlicher Ansiedlungen streifen. (Im Frühjahr meist nur einzeln bzw. paarweise.) Fide BEZZEL (1957) sind im sardischen Gennargentu-Gebiet schon im August Flüge von maximal 15 Exemplaren angetroffen worden. LATHBURY (1970) vermerkte winterliche Ketten auf Gibraltar bis 8 Exemplare, MOSQUERA und CORTES (1978) protokollierten ebendort solche mit 8—15, am 21. Oktober 1977 „on Windmill Flats" eine mit 20. BOSANO (1981) registrierte (ebenfalls dort) am 16. Dezember 1978 die größte Kette mit 18 Köpfen.

Bei Fragen zur Produktsicherheit wenden Sie sich bitte an:
If you have any questions regarding product safety,
please contact:

Walter de Gruyter GmbH
Genthiner Straße 13
10785 Berlin
productsafety@degruyterbrill.com